中等职业教育新编规划教材

中等职业教育新编规划教材专家指导委员会审定

数控车床编程及实训

主　编　吴晓东　孙智俊

副主编　王　华　樊国朝　黄云林

主　审　宋树恢

合肥工业大学出版社

图书在版编目(CIP)数据

数控车床编程及实训/吴晓东,孙智俊主编.—合肥:合肥工业大学出版社,2007.7

ISBN 978-7-81093-588-3

Ⅰ.数… Ⅱ.①吴… ②孙… Ⅲ.①数控机床:车床—程序设计—专业学校—教材 ②数控机床:车床—操作—专业学校—教材 Ⅳ.TG519.1

中国版本图书馆CIP数据核字(2007)第109035号

数控车床编程及实训

主编 吴晓东 孙智俊 责任编辑 汤礼广

出 版	合肥工业大学出版社	版 次	2007年7月第1版
地 址	合肥市屯溪路193号	印 次	2008年8月第2次印刷
邮 编	230009	开 本	787×1092 1/16
电 话	总编室:0551-2903038	印 张	11.75
	发行部:0551-2903198	字 数	270千字
网 址	www.hfutpress.com.cn	印 刷	合肥创新印务有限公司
E-mail	press@hfutpress.com.cn	发 行	全国新华书店

ISBN 978-7-81093-588-3 定价:19.00元

《中等职业教育新编规划教材》出版说明

我们正处于一个变革的时代，一个创新与超越的时代。在这场前所未有的变革中，职业教育正在从社会边缘走向社会中心，成为影响我国经济和社会发展的重要因素之一。职业教育的改变和发展从来没有像今天这样备受瞩目，职业教育也从来没有像今天这样承载着如此沉重的历史使命和面临着如此多的挑战，职业教育呼唤着新的理念和新的课程，职业教育需要从本质上转变传统的教学观和课程观。基于这一背景，根据教育部制定的技能型紧缺人才培养工程专业教改方案，在参考劳动与社会保障部制定的《国家职业标准》中相关工种等级考核标准和借鉴国外先进的职业教育理念、模式和方法的基础上，结合目前我国中等职业教育的实际情况，我们组织编写了这套《中等职业教育新编规划教材》。

课程是学校教育的核心。在课程开发过程中所做出的决策，不管是有意还是无意的，都极大地影响着教师教什么、怎么教，学生学什么、怎么学。随着时间的推移，新的知识又在实践中不断发生着变化，这些变化对课程又有着深刻的影响。因此，课程开发是一个持续不断的过程。

那么，采用什么标准来决定哪些知识应该纳入课程呢？技能是单独来教还是在解决真实问题时教？理论和实践应该怎样联系起来才能改进教学？教学过程中采用哪些方法更有利于提高教学效果？

过去在解决上述这些问题时，我们曾获得了许多有益的经验。借鉴这些宝贵经验，我们编写本套教材时力图体现以下特色：

（1）“导、学、做合一”的职业教育思想。结合中等职业学校的培养目标，在教材内容选择上，力求降低专业理论的重心，突出与操作技能相关的必备专业知识；在教学思想贯彻上，注重充分发挥教师引导、学生在任务引领下构建知识和技能的现代职业教育理念的作用；在结构和内容安排上，保证理论实践一体化等教学方法的实施。

（2）改变传统的单科独进式的专业课程体系，实现课程综合化和模块化。将专业基础理论知识与实训项目综合在一起，配套设置成实践性教学训练教材，以贴近学生生活实例和工作任务为基础，激发学生学习兴趣，体现生本教育思想。

（3）紧扣中等职业教育的培养目标，坚持削繁就简和实用的原则。如本套教材中将《机械制图》改为《机械识图》，目的是着重提高中等职业学校学生的读图能力；在《机械基础》中删除了有关机械原理的论述和复杂计算；把机械制造工艺知识及测量技术与实训项目结合起来，以提高教学效率，同时培养学生理论联系实际的优良学风，等等。

尽管本套教材的编写人员大多来自中等职业学校教学第一线，有着丰富的教学经验和强烈的教改意识，但由于时间仓促，教改水平也有限，因此不当之处恳请读者批评指正。

《中等职业教育新编规划教材》编委会

2007 年 7 月

前 言

中国自从加入世界贸易组织后正逐步成为世界制造业大国，目前应用高新技术，特别是利用信息技术改造传统产业、促进产业结构优化升级，已成为制造业发展的主题之一。数控机床是现代机械工业的重要技术装备，也是先进制造技术的基础装备。数控机床综合了计算机、自动控制、电机与拖动、电子与电力、自动检测、气压和液压以及精密机械等方面的技术，数控机床的高精度、高效率及高柔性决定了发展数控机床是我国机械制造业技术改造的必由之路，是未来自动化的基础。随着微电子技术、计算机技术、自动化技术的发展，数控机床也得到了飞速发展，在我国几乎所有的机床品种中都有数控机床。随着数控机床的发展，企业对数控机床操作人员、编程人员的数量需求不断扩大，对其素质要求也在不断提高。本着为学生提供实用性教材，使其在短时间内提高数控操作技术水平和编程能力，为企业提供急需人才，我们特编写此教材。

本教材是根据劳动与社会保障部制定的《国家职业标准》中有关数控工种的中级工等级考核标准编写的。在具体编写过程中，编者结合自己的实践和教学经验，从数控机床的基础原理及基本操作讲起，系统介绍了数控机床的编程基础知识以及加工工艺安排的知识。考虑数控车床市场的系统使用及占有率，因此，对每一个例题的加工编程，均采用日本的FANUC数控系统及德国的SIEMENS802s/c数控系统进行对比讲解。

本教材的主要特点是：

(1)体现“教”、“学”、“做”合一的职业技术教育思想。针对中等职业学校的培养目标，降低对专业理论的要求，突出编程与操作的基本知识。在结构和内容上保证理论和实践一体化等先进教学方法的实施。

(2)结合大量编程实例，逐步增加编程所用代码以及加工零件难度，对加工工艺的安排也是按照由浅入深的原则进行。

(3)紧扣本专业的教学培养目标，坚持简单实用原则，强调知识的实际应用。每一章节在对编程知识介绍时，也只介绍本章节所用的编程代码，随着章节加工内容的难度增加，编程代码逐步增加，以适应职业教育的教学要求。

本教材共分十五章，前三章分别介绍了数控机床原理、机床操作基础与编程知识；第四章到第十章介绍了构成零件几何特征体的编程知识；第十一章介绍了零件加工精度的控制方法；第十二章介绍循环编程知识(组合体零件的编程方法)；第十三章介绍常见零件的编程方法。第十四章、第十五章作为数控中级工的提高知识来介绍。教学过程中，也可将内孔加工作为数控中级工的提高知识来介绍。在每一章后均布置了相应内容的习题。附录中增加了常用加工工艺参数的选择；常用螺纹的深度值及加工次数的确定；国产华中数控系统编程指令表、广州数控系统指令表以及常用数控术语的中英文对照表，以供学习。

本教材教学学时建议安排128课时(选学课时不统计在内)。在实际机床操作加工中，学校可根据自己的实际情况，选用数控加工系统进行教学。华中数控系统以及广州数控系统可参照日本FANUC数控系统进行学习。从第四章开始的编程学习课时可适当安排使用数控仿真软件，以进一步加强和巩固编程知识的学习，其中编程的课时与仿真软件使用的课时最好为1∶1的比例关系。建议整册书中的数控编程、数控仿真、数控操作课时比为1∶1∶2。建议课时分配如下（供参考）：

章　节	内　容	编程仿真课时	实践课时	总　计	备　注
第一章	数控原理概述	4		4	
第二章	数控车床操作基础	2	4	6	
第三章	数控编程基础	6		6	
第四章	端面与外圆	6	4	10	
第五章	圆锥加工	4	6	10	
第六章	凹圆弧加工	4	6	10	
第七章	凸圆弧加工	4	6	10	
第八章	沟槽加工与切断	4	6	10	
第九章	螺纹加工	4	6	10	
第十章	内孔加工	(4)	(6)	(10)	选学
第十一章	精度控制	6	4	10	
第十二章	子程序与循环加工	8	12	20	
第十三章	典型零件加工	8	14	22	
第十四章	简单非圆曲线加工	(8)	(6)	(14)	选学
第十五章	CAXA 数控车 XP	(8)		(8)	选学
	合　计	60	68	128	

本教材由吴晓东、孙智俊任主编，王华、樊国朝、黄云林任副主编。本教材由合肥工业大学工业培训中心宋树恢老师主审。另外，刘祥、史广向、张顺等老师也参与了本教材部分章节的编写工作。

由于水平所限，书中错误在所难免，望广大读者予以谅解，并批评指正。

编　者

2007 年 7 月

目　录

绪　论

机床是人类进行生产劳动的重要工具，也是社会生产力发展水平的重要标志，普通机床已经有近两百年的历史。随着电子技术、计算机技术及自动化、精密测量等技术的发展与综合应用，产生了机电一体化的新型机床　　数控机床。

数控机床及数控技术的应用，成功地解决了某些形状复杂、一致性要求较高的中小批量零件加工自动化问题，它不仅大大提高了生产效率和加工精度，还减轻了工人的劳动强度，缩短了生产准备周期，并推动了航空、航天、船舶、国防、机电等工业的发展。目前，数控技术已普遍推广，数控机床已在工业各部门得到了广泛的应用，并已经成为机床自动化的一个重要发展方向。

一个国家的机床数控化率，反映了这个国家机床工业和机械制造业水平的高低，同时也是衡量一个国家科技进步的重要标志之一。它对于实现生产过程的自动化，促进科技进步和加速现代化建设，都有十分重大意义。

一、数控机床的产生与发展

随着科学技术的发展，机械产品日趋精密和复杂化，更新换代越来越频繁，个性化的需求使得生产类型由大批、大量向多品种、小批量生产转换。相应地，对机械产品加工的精度、效率、柔性及自动化等提出了越来越高的要求。

机械行业传统典型的加工方式主要有三种：

(1) 采用普通通用机床的单件小批量生产。

由技术工人手工操作控制机床，工艺参数基本由操作工人确定，生产效率低、产品质量不稳定，特别是一些复杂的零件加工，需依赖靠模或借助划线和样板等用手工操作的方法进行加工，加工效率和精度受到很大限制。

(2) 采用通用的机械自动化机床(如凸轮自动车床)的大批量生产。

以专用凸轮、靠模等实体零件作为加工工艺、控制信息的载体控制机床的自动运行。产品更新需设计更换或调整相应地信息载体零件，需要较长的准备周期，因此仅适用于标准件类大批量简单零件的加工。

(3) 采用组合专用机床及其自动线的大批量生产。

一般以系列化的通用部件和专用化夹具、多轴箱体等组成主机本体，采用 PLC 实现自动或半自动控制。其加工工艺内容及参数在设备设计时就严格规定，使用中一般很难也很少更改。这种自动化高效设备需要较大的初期投资和较长的生产准备周期，只有在大批量生产条件下才会产生显著的经济效益。

显然，上述三种加工方式对于当前机械制造业中占机械加工总量的 70% ~ 80% 的单件小批量生产的零件很难适应。

为了解决上述问题，满足多品种、小批量、复杂、高精度零件的自动化生产，迫切需要一种通用、灵活、能够适应产品频繁变化的柔性自动化机床。

以计算机技术为依托，1952 年美国帕森斯公司(Parsons) 和麻省理工学院(MIT) 合作，研制成功了世界上第一台以数字计算机为基础的数字控制三坐标直线插补铣床，从而使得机械制造业进入了一个崭新时代。

第一台数控机床问世以来，随着微电子技术、自动控制技术和精密测量技术的发展，数控技术也得到了迅速发展。先后经历了电子管(1952 年)、晶体管(1959 年)、小规模集成电路(1965 年)、大规模集成电路及小型计算机(1970 年) 和微处理机或微型计算机(1974 年) 等五代数控系统。

前三代数控系统属于专用控制计算机的硬接线(硬件) 系统，一般称为 NC(numerical contral) 数控。20 世纪 70 年代初期，计算机技术的迅速发展使得小型计算机的价格急剧下降，从而出现了以小型计算机代替专用硬件控制计算机的第四代数控系统。这种系统不仅具有更好的经济性，而且许多功能可用编制的专用程序实现，并可将专用程序储存在小型计算机的存储器中，构成控制软件。这种数控系统称为 CNC(computerized numerical contral)，即计算机控制系统。70 年代中期，以微处理机为核心的数控系统 MNC(micro computerized numerical contral) 得到了迅速发展。CNC 与 MNC 称为软接线(软件) 数控系统。目前，NC 数控系统早已经淘汰，现代数控均采用 MNC 数控系统，目前通常将现代数控系统称为 CNC。

我国很早也就开始对数控机床进行研制。1958 年，由北京机床研究所和清华大学等单位，率先研制了电子管式开环伺服驱动的数控机床。由于历史原因，迟迟未能在实用阶段上有所突破。70 年代初期，我国研制的数控装置主要采用晶体管分立元器件，性能不稳定，可靠性差，只有少量的数控机床(如专用数控铣床及非圆齿轮插齿机等) 用于生产。1972 年，集成数字电路的数控系统在清华大学研制成功，数控技术开始在车、钻、铣、镗、磨等加工领域得以推广。

从 1980 年开始，随着我国改革开放政策的实施，国内一些企业从日本、美国、前西德等国家引进较先进的数控(制造) 技术，并用于生产。

与此同时，我国的许多企业和科研机构也开始进行经济型数控系统的研制工作，在引进、消化和吸收国外先进数控技术的基础上，开发和生产出了拥有自主知识产权的数控软件、硬件。现在国内常用的国产数控系统有广州数控、华中数控等。

二、数控机床的概念

数控即数字控制(Numerical Control，缩写为 NC)，是数字程序控制的简称。

数控机床是一种通过数字信息控制机床按给定的运动规律，进行自动加工的机电一体化新型加工设备。

机床数控技术是通过数控机床加工技术而实现的，应用数控技术的光键在于学好和用好数控机床。

三、数控机床的特点

(1) 提高零件的加工精度，稳定产品质量。由于数控机床在加工过程中自动加工，消除了人为的操作误差，因此，零件的一致性好。

(2) 可进行复杂曲面的零件加工。

(3) 提高生产效率 2 ～ 3 倍，复杂零件可提高几十倍。

(4) 可以实现一机多用，如数控加工中心(钻、镗、铣合一的机床) 的应用。

(5) 有利于向使用计算机控制与管理生产方面发展，为实现生产过程自动化创造条件。

四、数控车床分类

按数控系统水平可分为：经济型数控车床、全功能型数控车床、车削中心、FMC(柔性加工单元) 车床。

按车床主轴配置可分为：卧式数控车床、立式数控车床。

按数控系统控制轴数可分为：两轴控制数控车床、多轴控制数控车床。

五、数控车床发展趋势

从 1952 年美国麻省理工学院研制出第一台试验性数控系统，到现在已走过了五十多年历程。数控系统由当初的电子管式起步，经历了分立式晶体管式——小规模集成电路式——大规模集成电路式——小型计算机式——超大规模集成电路——微机式的数控系统的几个发展阶段。

当前数控车床呈现以下发展趋势：

1. 高速、高精密化

高速、精密是机床发展永恒的目标。随着科学技术突飞猛进地发展，机电产品更新换代速度加快，对零件加工的精度和表面质量的要求也愈来愈高。为满足这个复杂多变市场的需求，当前机床正向高速切削、干切削和准干切削方向发展，加工精度也在不断地提高。另一方面，电主轴和直线电机的成功应用，陶瓷滚珠轴承、高精度大导程空心内冷和滚珠螺母强冷的恒温高速滚珠丝杠副及带滚珠保持器的直线导轨副等机床功能部件的面市，也为机床向高速、精密发展创造了条件。

数控车床采用电主轴，取消了皮带、带轮和齿轮等环节，大大减少了主传动的转动惯量，提高了主轴动态响应速度和工作精度，彻底解决了主轴高速运转时皮带和带轮等传动的振动和噪声问题。采用电主轴结构可使主轴转速达到 10000r/min 以上。

直线电机驱动速度高，加减速特性好，有优越的响应特性和跟随精度。用直线电机作伺服驱动，省去了滚珠丝杠这一中间传动环节，消除了传动间隙(包括反向间隙)，运动惯量小，系统刚性好，在高速下能精密定位，从而极大地提高了伺服精度。

直线滚动导轨副，由于其具有各向间隙为零和非常小的滚动摩擦，磨损小，发热可忽略不计，有非常好的热稳定性，提高了全程的定位精度和重复定位精度。

通过直线电机和直线滚动导轨副的应用，可使机床的快速移动速度由目前的 10m/min ～ 20m/min 提高到 60m/min ～ 80m/min，甚至高达 120m/min。

2. 高可靠性

数控机床的可靠性是数控机床产品质量的一项关键性指标。数控机床能否发挥其高性能、高精度和高效率，并获得良好的效益，关键取决于其可靠性的高低。

3. 数控车床设计 CAD 化、结构设计模块化

随着计算机应用的普及及软件技术的发展，CAD 技术得到了广泛发展。CAD 不仅可以替代人工完成繁琐的绘图工作，更重要的是可以进行设计方案选择和大件整机的静态与动态特性分析、计算、预测及优化设计，可以对整机各工作部件进行动态模拟仿真。在模块化的基础上，在设计阶段就可以看出产品的三维几何模型和逼真的色彩。采用 CAD，还可以大大提高工作效率，提高设计的一次成功率，从而缩短试制周期，降低设计成本，提高市场竞争能力。通过对机床部件进行模块化设计，不仅能减少重复性劳动，而且可以快速响应市场，缩短产品开发设计周期。

4. 功能复合化

功能复合化的目的是进一步提高机床的生产效率，使用于非加工的辅助时间减至最少。通过功能的复合化，可以扩大机床的使用范围、提高效率，实现一机多用、一机多能，即一台数控车床既可以实现车削功能，也可以实现铣削加工，或在以铣为主的机床上也可以实现磨削加工。

5. 智能化、网络化、柔性化和集成化

21世纪的数控装备将是具有一定智能化的系统。智能化的内容表现在数控系统中的各个方面:为追求加工效率和加工质量方面的智能化,如加工过程的自适应控制,工艺参数自动生成;为提高驱动性能及使用连接方面的智能化,如前馈控制、电机参数的自适应运算、自动识别负载、自动选定模型、自整定等;简化编程、简化操作方面的智能化,如智能化的自动编程、智能化的人机界面等;还有智能诊断、智能监控等方面的功能,以方便系统的诊断及维修等。

网络化数控装备是近年来机床发展的一个热点。数控装备的网络化将极大地满足生产线、制造系统、制造企业对信息集成的需求,是实现新的制造模式,如敏捷制造、虚拟企业、全球制造的基础单元。

数控机床向柔性自动化系统发展的趋势是:从点(数控单机、加工中心和数控复合加工机床)、线(FMC、FMS、FTL、FML)向面(工段车间独立制造岛、FA)、体(CIMS、分布式网络集成制造系统)的方向发展,另一方面向注重应用性和经济性方向发展。柔性自动化技术是制造业适应动态市场需求及产品迅速更新的主要手段,是各国制造业发展的主流趋势,是先进制造领域的基础技术。其重点是以提高系统的可靠性、实用化为前提,以易于联网和集成为目标,注重加强单元技术的开拓和完善。CNC单机向高精度、高速度和高柔性方向发展。数控机床及其构成柔性制造系统能方便地与CAD、CAM、CAPP及MTS等联结,向信息集成方向发展。网络系统向开放、集成和智能化方向发展。

六、学习数控车床操作注意事项

(1) 未经老师许可,学生不得私自开动机床以及私自卸拆卸工、夹、刀具。

(2) 开机前必须检查是否回零,刀具补偿是否取消。

(3) 加工前,所编程序须经指导教师审核修正,加工过程中必须关闭防护门。禁止两人以上同时操作同一台机床。

(4) 不准在开车状态装卸卡盘,装卸和测量工件时,扳手要立即取下。装卸卡盘和较大的工、夹具和零件时,床面应垫木板。

(5) 工作时,夹持工件不得使用硬物敲打,工作面不得乱放杂物。妥善保管设备附件和工具、夹具、量具。

(6) 加工细长工件时要用顶尖、跟刀架或中心架,车头前部伸出量不可超过工件直径20～50倍,车尾伸出量小于150mm时应扎布条告警,大于150mm时应用托架。

(7) 紧固车刀时不得少于两个螺钉,刀头伸出长度不可超过刀杆厚度的1.5倍。

(8) 高速车削和加工韧性材料时,应采用断屑切削。

(9) 工作后保持机床清洁,整理好工具、夹具和量具。

(10) 工作结束时,应关闭机床总电源,特别是在突然停电后,应随手关闭机床总电源。

思考与练习

1. 数控机床加工与传统机械加工有何分别?
2. 简述数控机床加工特点。
3. 简述数控车床发展趋势。
4. 简述数控车床操作注意事项。

第一章　数控原理概述

第一节　机床数字控制的基本原理

一、数字控制的基本概念

数字控制(Numerical Control－NC) 简称数控,是一种自动控制技术,是用数字化信号对控制对象加以控制的一种方法。数字控制是相对于模拟控制而言的,数字控制系统中的控制信息是数字量,而模拟控制系统中的控制信息是模拟量。数字控制与模拟控制相比有许多优点,如可用不同的字长表示不同精度的信息,可对数字化信息进行逻辑运算、数学运算等复杂的信息处理工作等,特别是可用软件来改变信息处理的方式或过程,而不用改动电路或机械机构,从而使机械设备具有很大的"柔性"。因此数字控制已被广泛用于机械运动的轨迹控制和机械系统的开关量控制,如机床的控制、机器人的控制等。

数字控制的对象是多种多样的,但数控机床是最早应用数控技术的控制对象,也是最典型的数控化设备。数控机床是采用了数控技术的机床,或者说是装备了数控系统的机床。国际信息处理联盟 (International Eederation ofInformationProcessing－IFIP) 第五技术委员会对数控机床作了如下定义:数控机床是一种装了程序控制系统的机床,该系统能逻辑地处理具有使用号码或其他符号编码指令规定的程序。

定义中所提的程序控制系统,就是数控系统 (Numerical Control System)。数控系统是一种控制系统。它自动输入载体上事先给定的数字量并将其译码,再经过必要的信息处理和运算后,控制机床动作和加工零件。最初的数控系统是由数字逻辑电路构成的专用硬件数控系统。随着微型计算机的发展,硬件数控系统已逐渐被淘汰,取而代之的是计算机数控系统(Computer Numerical Control System) 简称 CNC。CNC 系统是由计算机承担数字控制中的命令发生器和控制器的数控系统。由于计算机可完全由软件来确定数字信息的处理过程,从而具有真正的"柔性",并可以处理硬件逻辑电路难以处理的复杂信息,使数字控制系统的性能大大提高。

二、数控机床的组成

数控机床是典型的数控化设备。它一般由信息载体、计算机数控装置、伺服系统和机床四部分组成,如图 1－1 所示。

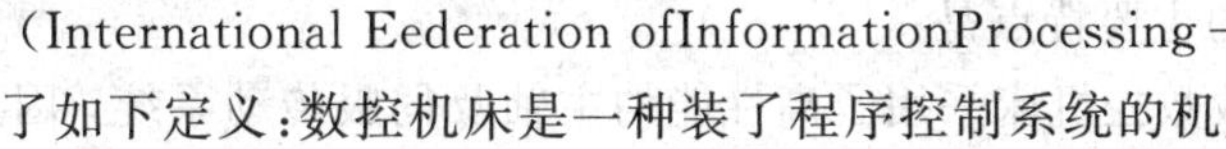

信息载体 → 计算机数控装置 → 伺服系统 → 机床

图 1－1　数控机床的组成

1. 信息载体

信息载体又称控制介质,用以记录数控机床上加工一个零件所必需的各种信息,如零件加工的位置数据、工艺参数等,以控制机床的运动,实现零件的机械加工。早期的数控机床(系统) 常用的信息载体有穿孔带、磁带等,现代数控机床(系统) 常用的信息载体有磁盘或半导体存储器等。信息载体通过相应的输入装置将信息输入到数控系统中。数控机床既可采用信息载体输入，也可采用操作面板上的按钮和键盘将加工信息直接输入，或通过串行口将计算机上编写的加工程序输入到数控系统。高级的数控系统还包含一套自动编程机或者CAD/CAM 系统，由这些设备实现编制程序、输入程序、输入数据以及显示、模拟显示、存储和打印等功能。

2. 计算机数控装置

计算机数控装置是数控机床的核心。它的功能是接受载体送来的加工信息，经计算和处理后去控制机床的动作。它由硬件和软件组成。硬件除计算机外，其外围设备主要包括光电阅读机、CRT、键盘、面板、机床接口等。光电阅读机输入系统程序和零件加工程序；CRT 供显示和监控用；键盘用于输入操作命令及编辑、修改程序段，也可输入零件加工程序；操作面板可供操作人员改变操作方式、输入预定数据、起停加工等；机床接口是计算机和机床之间联系的桥梁，机床接口包括伺服驱动接口及机床输入 / 输出接口。

3. 伺服系统

伺服系统是数控系统的执行部分，包括驱动机构和机床移动部件，用于接受数控装置发来的各种动作命令，驱动受控设备运动。伺服电动机可以是步进电动机、电液马达、直流伺服电动机或交流伺服电动机。

4. 机床

机床是用于完成各种切削加工的机械部分，是在普通机床的基础上经过很多改进和提高发展而来的。它的主要特点是：

(1) 由于大多数数控机床采用了高性能的主轴及伺服传动系统，因此数控机床的机械传动结构得到了简化，传动链较短。

(2) 为了适应数控机床连续的自动化加工，数控机床机械结构具有较高的动态刚度、阻尼精度及耐磨性，热变形较小。

(3) 更多地采用高效传动部件，如滚珠丝杠副、直线滚动导轨等。

(4) 不少数控机床还采用了刀库和自动换刀装置以提高机床工作效率。

三、数控机床的工作过程

数控机床的工作过程包括以下几个方面：

(1) 输入：给数控系统输入的有零件加工程序、控制参数和补偿数据等。

(2) 译码：输入的程序段含有零件的轮廓信息（起点、终点、直线或圆弧等）、要求的加工速度以及其他的辅助信息（换刀、换档、切削液开关等），计算机依靠译码程序来识别这些代码，将加工程序翻译成计算机内部能识别的语言。

(3) 数据处理：数据处理程序一般包括刀具半径补偿、速度计算和辅助功能的处理。刀具半径补偿是把零件轮廓轨迹转化为刀具中心轨迹。速度计算是解决该加工数据段以什么样的速度运动的问题。加工速度的确定是一个工艺问题。数控系统仅仅是保证这个编程速度的可靠实现。另外，辅助功能如换刀、换档等亦在这个程序中实现。

(4) 插补：计算轨迹的过程称为插补，即根据给定的曲线类型（如直线、圆弧或高次曲线）、起点、终点以及速度，在起点和终点之间进行数据点的密化。

计算机数控系统的插补功能主要由软件来实现。目前主要有两类插补方法：一是基准脉冲插补，它的特点是每次插补运算结束产生一个进给脉冲；二是数据采样插补，它的特点是

插补运算在每个插补周期进行一次，根据指令进给速度计算出一个微小的直线数据段。

(5) 伺服控制：将计算机送出的位置进给脉冲或进给速度指令，经变换和放大后转化为伺服电动机(步进电动机或交、直流伺服电动机)的转动，从而带动机床工作台移动。

(6) 管理程序：当一个数据段开始插补时管理程序即着手准备下一个数据段的读入、译码、数据处理，即由它调用各个功能子程序且保证一个数据段加工过程中将下一个数据段准备就绪，一旦本数据段加工完成即开始下一个数据段的插补加工。整个零件加工就是在这种周而复始的过程中完成。

用数控机床进行工件加工，首先必须将被加工零件的几何信息和工艺信息数字化，按规定的代码和格式编制数控加工程序，然后用适当的方式将此加工程序输入数控系统。数控系统根据输入的加工程序进行信息处理，计算出理想轨迹和运动速度，最后将处理的结果输出到机床的执行部件，控制机床运动部件按预定的轨迹和速度运动。

数控机床的加工过程如图1-2所示，其中信息输入、信息处理和伺服执行是数控系统的三个基本工作过程。数控机床必须具备信息输入、信息处理、伺服执行以及机床本体四个基本组成部分。

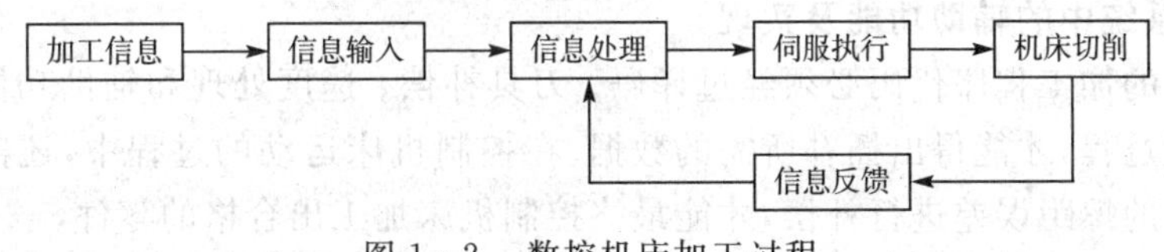

图1-2　数控机床加工过程

加工一个零件所需的数据及操作命令构成零件的加工程序。加工程序可以用符号或数字形式记录在输入介质(有形的信息载体)上输入数控系统，也可以通过键盘或通信接口输入数控系统。输入介质(有形的信息载体)一般是穿孔纸带、磁带、磁盘等。输入介质上的数据以程序段形式编排，每一程序段都包含有加工零件某一部分所需的全部信息，包括加工段长度、形状、切削速度、进给速度以及进给量等。零件程序编程时所需的尺寸信息(长度、宽度或圆弧半径等)和外形信息(圆弧、直线或其他)取自零件图，尺寸按每一个运动轴，如X轴、Z轴等，分别给出。切削速度、进给速度及切削液通断，主轴回转方向、齿轮变速等其他辅助功能均可编程输入。这样在加工过程中每执行一个程序段，刀具便完成一部分切削。

信息处理是数控装置的核心任务，由计算机来完成。它的作用是识别输入介质中每个程序段的加工数据和操作命令，并对其进行换算和插补计算；根据程序信息计算出运动轨迹上的许多中间点的坐标，这些中间点坐标以前一中间点到后一中间点的位移量形式输出，经接口电路向各坐标轴执行部件送出控制信号，控制机床按规定的速度和方向移动，以完成零件的成形加工。

伺服执行部分的作用是将插补输出的位移信息转换成机床的进给运动。数控系统要求伺服执行部件准确、快速地跟随插补输出信息执行机械运动，这样数控机床才能加工出高精度的工件。数控机床常用的伺服驱动元件有功率步进电动机、宽调速直流伺服电动机和交流伺服电动机等。

从上面可以看出，与传统的机床加工相比，数控系统取代了操作人员的手工操作。传统的机床加工中，操作者通过操纵手轮使切削刀具沿着工件移动进行零件加工，加工精度完全由操作者的技术和经验决定，加工精度较低。对于外形简单且精度要求较低的零件可用手工操作方式完成，但若是二维轮廓或三维轮廓加工，手工操作的普通机床就无能为力了。采用数控机床后原来由操作者手工完成的工作都包含在零件的加工程序中，操作者通过编制简单的程序，监视机床工作以及更换零件即可实现工件的自动加工。与传统机床相比，数控机床有以下优点：

(1) 具有充分的"柔性"，只需编制零件程序就能加工零件。

(2) 在切削速度和进给行程的全范围内均可保持精度且一致性好。

(3) 生产周期较短。

(4) 可以加工复杂形状的零件。

(5) 机床易于调整，与其他制造方法（如自动机床、自动生产线）相比，调整所需的时间较少。

但数控机床也存在以下缺点：

(1) 造价相对较高，特别是设备初期投资大。

(2) 维护比较复杂，需要专门的维护人员。

(3) 需要高度熟练和经过培训的零件编程人员。

四、数控系统中的辅助功能及实现

用户输入的加工程序代码必须经过译码、刀具补偿、速度处理和辅助功能处理等一系列的数据处理过程，才能得出插补所需的数据。在控制机床运动的过程中，还需对传动系统的间隙和丝杠的螺距误差进行补偿，才能最终控制机床加工出合格的零件。

除轨迹控制外，在加工过程中还需执行一些辅助控制，如主轴的停、开、正转、反转，主轴的转速控制，切削液的开、关、换刀控制等。这些辅助功能有的在一个程序段的插补运动开始之前执行，有的在插补之后执行。主轴的转速控制一般由专门的主轴系统来控制，数控系统只需输出一个转速给定量。这个给定量可以是模拟量，也可以是数字量，视主轴系统而定。其他的辅助功能主要是开关量控制。在简单的系统中，这些开关量的控制逻辑较简单，处理时间短，因而由数控系统的微机或继电器逻辑电路来执行。在较复杂的系统中，这些辅助功能的控制较复杂，需要大量的时间来处理，有的功能还需要与轨迹控制同时执行，因此复杂系统的开关量控制通常由一个内置式可编程控制器(PLC) 来执行。如加工中心、柔性制造单元等，由于刀库、工作台控制较为复杂，所以一般都由专门的一个可编程控制器来进行控制。

五、数控机床加工零件的操作过程

数控机床加工零件的操作过程为：

(1) 数控程序的编制：先根据零件图样的要求设计数控加工工艺过程，如工步、加工路线、切削用量、行程等，再按编程手册的有关规定编制数控加工程序单。

(2) 控制介质的制作和程序的输入：由加工程序单制作控制介质，如穿孔带、磁带、磁盘等，再将控制介质记录的加工信息通过输入装置输入到数控系统中。

(3) 加工信息的处理与计算和控制指令的发出：当加工程序输入到数控系统后，在控制系统内部的系统程序支持下，系统程序对加工程序进行必要的处理与计算后，发出相应的控制指令。

(4) 控制指令的执行：运动部件按控制指令进行运动，从而实现零件的数控加工。

第二节 数控机床插补原理

一、数控系统中轨迹控制的基本原理

数控系统信息处理的主要任务之一是进行轨迹控制。一般情况，用户程序给出轨迹的起点和终点以及轨迹的类型(即是直线、圆弧或是其他曲线)，并规定其走向（如圆弧是顺时针还是逆时针)，由数控系统在控制过程中计算出轨迹运动的各个中间点(插补)，即“插入”、“补上”轨迹运动的各个中间点。

插补的原理与常用的插值法类似，只是插值法一般只求一个中间点，而插补求的是很多个中间点，而且这些中间点的坐标值与理想轨迹的误差应不超过机床的分辨率。插补结果输出运动轨迹的中间点坐标值，机床伺服系统根据坐标值控制各坐标轴协调运动，走出预定轨迹。插补工作可用硬件或软件来完成。

早期的硬件数控系统(NC) 中，都采用硬件的数字逻辑电路来完成插补工作。以硬件为基础的 NC 系统中，数控装置采用了电压脉冲作为插补点坐标增量输出，其中每一脉冲都在相应的坐标轴上产生一个基本长度单位的运动，在这种系统中，一个脉冲(P) 对应着一个基本长度单位(BLU)，可表示为 P = BLU。这些脉冲可用以驱动开环控制系统中的步进电动机，也可驱动闭环控制系统中的交流、直流伺服电动机。每发送一个脉冲，工作台相对刀具移动一个基本长度单位称为脉冲当量。脉冲当量的大小决定了加工精度。发送给每一坐标轴的脉冲数目决定了相对运动距离，而脉冲的频率代表了坐标轴速度。

计算机数控系统(CNC) 中插补工作一般由软件完成，也有用软件进行粗插补，用硬件进行细(精) 插补的 CNC 系统。在 CNC 系统中，信息以二进制形式编排、处理和存储。二进制的每一位(bit) 代表一个基本长度单位(BLU)，表示为 bit = BLU 。比如 16 位字可表达 65536 个不同的坐标轴位置，如果系统的分辨率为基本长度单位 0.0lmm，则这个数字表示的最大运动距离可以达到 655.36mm。

沿用 NC 系统脉冲当量的概念，一个脉冲当量与二进制的 bit 等价，所以 bit = P = BLU。即在所有 CNC 系统中，二进制的每一位、脉冲及基本长度单位实际上是等效的。

软件插补方法可分为基准脉冲插补和数据采样插补两大类。

二、插补方法

根据输出信号的方式，插补方法可分为脉冲插补法与数据采样插补法。前者在插补计算后输出的是脉冲序列，如逐点比较法和数字积分法；后者输出的是数据增量，如数据采样法。也可根据被插补曲线的形式，将插补方法分为直线插补法、圆弧插补法、抛物线插补法、高次曲线插补法等。多数数控系统只有直线插补、圆弧插补功能，当实际加工零件轮廓既不是直线也不是圆弧时，可对零件轮廓进行直线 —— 圆弧拟合，即用多段直线或圆弧近似地代替零件轮廓进行加工。

基准脉冲插补法模拟硬件插补的原理，它把每次插补运算产生的指令脉冲输出到伺服系统，驱动工作台运动。每插补一次发出一个脉冲，工作台移动一个基本长度单位，即脉冲当量。输出脉冲的最大速度取决于执行一次插补运算所需的时间。该方法插补程序虽然比较简单，但进给速度受到一定的限制，所以常用在进给速度不很高的数控系统或开环数控系统中。基准脉冲插补有多种方法，最常用的是逐点比较插补法、数字积分插补法等。

软件插补的第二类方法是数据采样插补法。使用增量插补法的数控系统，其位置伺服通过计算机及测量装置构成闭环，插补结果输出的不是脉冲而是数据。计算机定时地对反馈回路进行采样，得到的采样数据与插补程序所产生的指令数据相比较后，输出用误差信号去驱动伺服电动机。各系统的采样周期不尽相同，一般取 10*ms* 左右。采样周期太短计算机来不及处理，太长则会损失信息从而影响伺服精度。

另外还有一种硬件和软件相结合的插补方法，即把插补功能分配给软件和硬件插补器，由前者完成粗插补，即把加工轨迹分为大段，由硬件插补器完成精插补，进一步密化数据点，完成程序段的加工。该法对计算机的运算速度要求不高，并可余出更多的存储空间以存储零件程序，而且响应速度和分辨率都比较高。

数控系统中，完成插补工作的装置叫插补器。早期的数控系统使用硬件插补器，称为硬件数控(NC)系统。如果插补功能由计算机软件(程序)完成，则称为软件数控(CNC)系统。现代数控系统一般多为采用配备了 CNC 系统的软件数控系统。

无论硬件数控还是软件数控，其插补运算原理都基本相同，但也有其各自的特点。

CNC 系统与 NC 系统的根本区别在于 CNC 采用了软件插补，可以更好地进行数据处理。如在指令系统和必要的算术子程序的支持下，系统既可对输入的命令与数据进行预处理，使之成为对插补运算最直接和最方便的形式，又能方便地采用一些需要较多算术运算的方法，如多种二次曲线、高次曲线的插补方法等。还可以对两种可能的进给方向进行误差试运算，选择误差较小的方向进给，以提高插补精度。这些都需要较多的运算步骤，若用硬件来实现将使费用明显增加。此外，软件插补容易进行机能的扩展，也利于调试。

三、逐点比较法插补

逐点比较插补以区域判别为特征，每走一步都要将加工点的瞬时坐标与给定的图形轨迹相比较，看实际加工点在给定轨迹的什么位置，从而决定下一步的走向。如果加工点在图形的外面，下一步就要向图形里面走；如果加工点在图形里面，则下一步就要向图形外面走。走步方向总是向着逼近给定图形轨迹的方向，以缩小偏差。每次只进行一个坐标轴的插补进给。如此每走一步，算一次偏差，比较一次，决定下一步走向，直至终点。

逐点比较法以阶梯折线来逼近直线或圆弧，能得到一个接近给定图形的轨迹，其最大偏差不超过一个脉冲当量。因此，只要把脉冲当量取得足够小，就可以达到相应的加工精度。

在逐点比较法中，每进给一步都需要 4 个节拍，如图 1-3 所示。

偏差判别：判别偏差符号，确定加工点是在给定图形的外边还是里边等，以确定该哪个坐标进给及如何进行偏差计算。

坐标进给：根据偏差情况，控制 x 坐标或 y 坐标进给一步，使加工点向给定图形轨迹靠拢，缩小偏差。

新偏差计算：进给一步后，计算加工点与给定图形的新偏差，作为下一步偏差判别的依据。

终点判别：根据进给一步后的结果，比较判断是否达到终点。如已到达终点，则停止插补工作，否则继续进行插补工作循环。

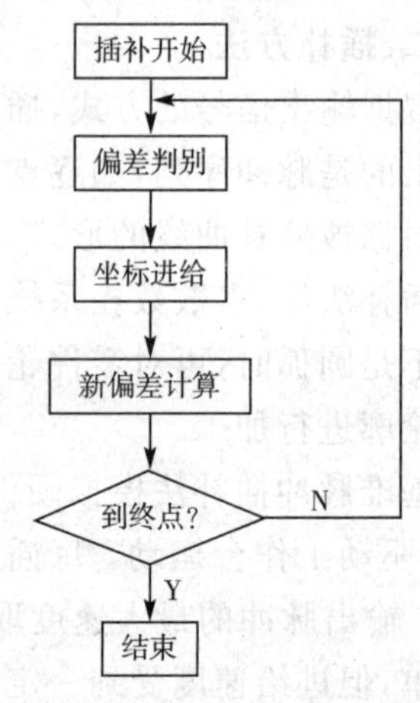

图 1-3　逐点比较法工作流程图

1. 逐点比较法直线插补

(1) 直线插补计算原理

① 偏差函数与偏差判别

按逐点比较法基本原理，每运行一步，必须把动点的实际位置与给定轨迹的理想位置间的误差以“偏差”的形式计算出来，然后根据偏差的正、负决定下一步的走向，以逼近给定轨迹。因此，偏差的计算是关键。以第一象限平面直线为例来推导偏差计算公式。

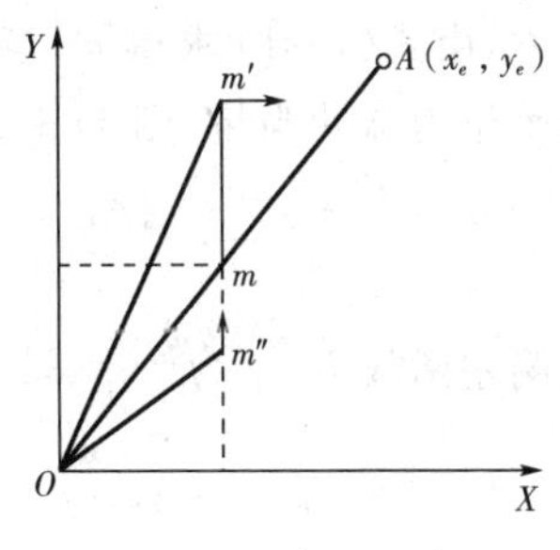

图 1-4 第一象限直线

如图 1-4 所示直线 OA，其起点 O 为坐标原点，终点坐标 $A(x_e, y_e)$ 为已知，直线 OA 即为给定轨迹，$m(x_m, y_m)$ 点为加工点(动点)，若 m 点正好处在直线 OA 上，则有下式成立

$$\frac{y_m}{x_m} = \frac{y_e}{x_e}$$

即

$$y_m x_e - x_m y_e = 0$$

假定动点 m 处于 OA 上方，则直线 Om' 的斜率大于 OA 的斜率，从而有

$$\frac{y_m}{x_m} > \frac{y_e}{x_e}$$

即

$$y_m x_e - x_m y_e > 0$$

由以上分析可以看出，$(y_m x_e - x_m y_e)$ 的符号反映了动点 m 与直线 OA 间的偏离情况。为此，可取偏差函数为

$$F_m = y_m x_e - x_m y_e \tag{1-1}$$

据此总结出动点 m 与给定直线 OA 间的相对位置关系如下：

若 $F_m = 0$，则动点正好处在直线 OA 上，如 m；

若 $F_m > 0$，则动点处在直线 OA 上方，如 m'；

若 $F_m < 0$，则动点处在直线 OA 下方，如 m''。

② 坐标进给

如图 1-4 所示可以看出第一象限直线插补。当 $F_m > 0$ 时，应向 $+X$ 方向进给一步；当 $F_m < 0$ 时应向 $+Y$ 方向进给一步，以逼近给定直线；当 $F_m = 0$ 时，动点正好在直线上，理论上既可以向 $+X$ 方向走，也可以向 $+Y$ 方向走，一般约定向 $+X$ 方向走。于是可以得到第一象限直线的插补法，即当 $F_m \geqslant 0$ 时向 $+X$ 进给一步，当 $F_m < 0$ 时向 $+Y$ 进给一步，如此步步紧逼，直至终点。

③ 新偏差计算

插补过程中每走完一步都要算一次新的偏差，如果按式(1-1)计算则要做两次乘法与一次减法运算。这不仅影响了插补的速度，而且在使用硬件或汇编语言软件实现插补时不太方便，因此必须设法简化运算。通常采用递推法，即每进一步后所到达点的偏差值通过前一点的偏差递推算出。

如图1-4所示，如果经m次插补后加工点处于m'点，其坐标为(x_m, y_m)，因m'点在OA上方，由式(1-1)求得$F_m \geqslant 0$，则下一次($m+1$次)插补应向$+X$方向进给一步。设坐标值的单位为脉冲当量，则$m+1$次插补后的坐标值为

$$x_{m+1} = x_m + 1, y_{m+1} = y_m$$

新偏差函数F_{m+1}为

$$F_{m+1} = y_{m+1}x_e - x_{m+1}y_e = y_m x_e - (x_m + 1)y_e = y_m x_e - x_m y_e - y_e$$

即

$$F_{m+1} = F_m - y_e \tag{1-2}$$

同样，如果经m次插补后加工点处于m''点，因m''点在OA下方，由式(1-1)求得$F_m < 0$，则下一次($m+1$次)插补应向$+Y$方向进给一步。走步后的新坐标值为

$$x_{m+1} = x_m, y_{m+1} = y_m + 1$$

新偏差函数F_{m+1}为

$$F_{m+1} = y_{m+1}x_e - x_{m+1}y_e = (y_m + 1)x_e - x_m y_e = y_m x_e - x_m y_e + x_e$$

即

$$F_{m+1} = F_m + x_e \tag{1-3}$$

由式(1-2)和式(1-3)可见，采用递推算法后，偏差函数的计算只与终点坐标有关，而不涉及动点坐标，且不需要进行乘法运算。新动点的偏差函数可由上一动点的偏差函数递推出来(减y_e或加x_e)，因此该算法相当简单，容易实现。由于起点已经预先走到，起点偏差已知为零，即递推开始时的偏差函数初始值为$F_0 = 0$。

④ 终点判别

终点判别有如下三种方法：

a. 设置$\sum_x$、$\sum_y$两个减法计数器，插补前在$\sum_x$、$\sum_y$计数器中分别存入终点坐标值x_e、y_e作为初始值，当X或Y方向每进给一步时，在相应的计数器中减去一，直到两个计数器中的数都减到零时，插补停止，到达终点。

b. 选终点坐标x_e、y_e中较大的坐标作为计数坐标，如$x_e > y_e$，则用x_e作为计数器初始值，仅X走步时，计数器才减1，计数器减到零时即认为到达终点。

c. 设置一个终点计数器$\sum$，计数器中存入X和Y两坐标的进给步数总和，即$\sum = x_e + y_e$，无论X或Y坐标进给，计数器均减1，当减到零时即认为到达终点，停止插补。

通常采用上述三种方法中的第三种。

(2) 直线插补计算举例

加工第一象限直线,起点为坐标原点,终点坐标为 $x_e = 6$、$y_e = 4$,坐标值单位为脉冲当量,试进行插补计算并画出走步轨迹图。

计算过程见表 1-1,表中的终点判别采用上述第三种方法。走步轨迹如图 1-5 所示。

表 1-1　直线插补过程

步数	偏差判别	坐标进给	偏差计算	终点判别
起点			$F_0 = 0$	$\sum = 6 + 4 = 10$
1	$F = 0$	$+X$	$F_1 = F_0 - y_e = 0 - 4 = -4$	$\sum = 10 - 1 = 9$
2	$F < 0$	$+Y$	$F_2 = F_1 + x_e = -4 + 6 = 2$	$\sum = 9 - 1 = 8$
3	$F > 0$	$+X$	$F_3 = F_2 - y_e = 2 - 4 = -2$	$\sum = 7$
4	$F < 0$	$+Y$	$F_4 = F_3 + x_e = -2 + 6 = 4$	$\sum = 6$
5	$F > 0$	$+X$	$F_5 = F_4 - y_e = 4 - 4 = 0$	$\sum = 5$
6	$F = 0$	$+X$	$F_6 = F_5 - y_e = 0 - 4 = -4$	$\sum = 4$
7	$F < 0$	$+Y$	$F_7 = F_6 + x_e = -4 + 6 = 2$	$\sum = 3$
8	$F > 0$	$+X$	$F_8 = F_7 - y_e = 2 - 4 = -2$	$\sum = 2$
9	$F < 0$	$+Y$	$F_9 = F_8 + x_e = -2 + 6 = 4$	$\sum = 1$
10	$F > 0$	$+X$	$F_{10} = F_9 - y_e = 4 - 4 = 0$	$\sum = 0$

以上所述仅为第一象限直线插补的计算处理方法。第一象限直线插补法经适当处理后可推广到其余象限的直线插补。当插补直线处于不同象限时,只要采用其坐标的绝对值计算,即用 $|X|$ 代替 X,用 $|Y|$ 代替 Y,其计算公式及处理过程与第一象限直线完全一样,仅是进给方向不同而已。

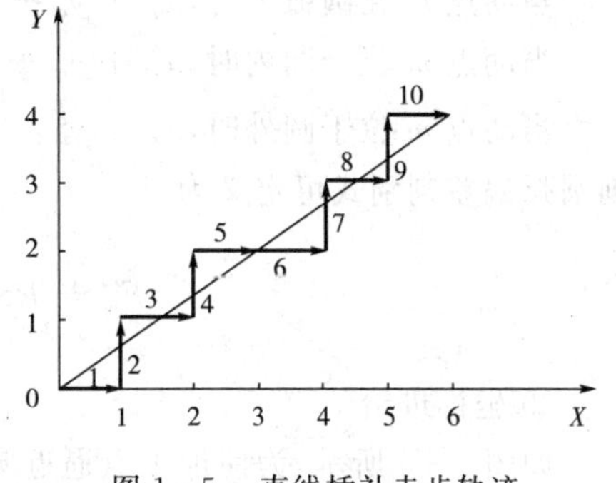

图 1-5　直线插补走步轨迹

由此可得到偏差公式如表 1-2 所示。当动点处在直线上时,偏差 $F = 0$;动点不在直线上且偏向 Y 轴一侧时,$F > 0$;偏向 X 轴一侧时,$F < 0$。可见,当

$F \geqslant 0$时，应沿X走步，第一象限、第四象限走$+X$方向，第二象限、第三象限走$-X$方向；当$F<0$时，应沿Y轴走步，第一象限、第二象限走$+Y$方向，第三象限、第四象限走$-Y$方向，终点判别也应用终点坐标的绝对值作为计数器初值。

表 1-2　四象限直线插补计算公式及进给方向

$F_m \geqslant 0$			$F_m < 0$		
直线线型	进给方向	偏差计算	直线线型	进给方向	偏差计算
L_1、L_4	$+X$	$F_{m+1}=F_m-y_e$	L_1、L_2	$+Y$	$F_{m+1}=F_m+x_e$
L_2、L_3	$-X$		L_3、L_4	$-Y$	

表中：L_1、L_2、L_3、L_4分别表示第一象限、第二象限、第三象限、第四象限直线。

例如，第二象限直线OA_2。其终点坐标$A_2(-x_e,y_e)$，在第一象限有一条和它对称于Y轴的直线OA_1，其终点坐标$A_1(x_e,y_e)$。当从O点出发，按第一象限直线OA_1进行插补时，若把沿X轴正向进给改为沿X轴负向进给，则实际插补出的就是第二象限直线OA_2而其偏差计算公式与第一象限直线相同。同理，插补第三象限终点坐标$A_3(-x_e,-y_e)$的直线OA_3，它与第一象限终点为(x_e,y_e)的直线OA_1对称于原点，可依然按第一象限直线OA_1插补，只需在进给时将X、Y由正向进给改为负向进给即可。

2. 逐点比较法圆弧插补

(1) 圆弧插补计算原理

① 偏差函数与偏差判别

与直线插补相同，我们首先以第一象限逆时针圆弧为例来讨论圆弧插补的偏差计算公式。图 1-6 所示的圆弧AB，其圆心为坐标原点。已知圆弧起点$A(x_0,y_0)$，终点$B(x_e,y_e)$，圆弧半径为R，$m(x_m,y_m)$点为加工点（动点），它到圆心的距离为R_m。

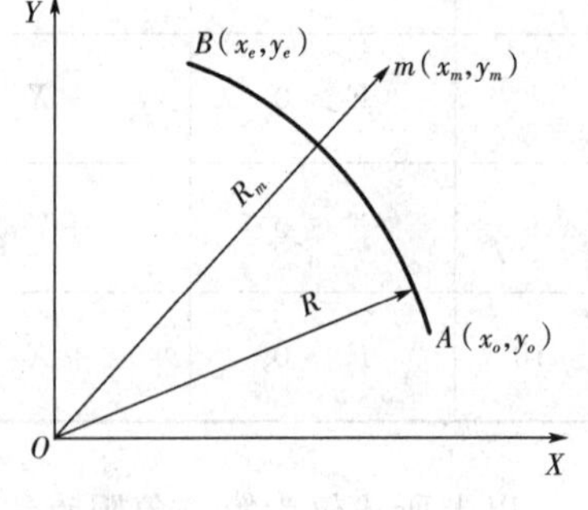

图 1-6　第一象限逆圆弧

由图可见，加工点m可能以三种情况出现，即在圆弧上、圆弧外和圆弧内。

当动点m在圆弧上时，$x_m^2+y_m^2-R_m^2=0$；

当动点m位于圆内时，$x_m^2+y_m^2-R_m^2<0$；

当动点m位于圆外时，$x_m^2+y_m^2-R_m^2>0$。

则圆弧偏差判别式可定义为

$$F_m=R_m^2-R^2=x_m^2+y_m^2-R^2 \tag{1-4}$$

② 坐标进给

如图 1-6 所示，为使加工点逼近圆弧，规定进给方向如下：

若$F \geqslant 0$，动点m在圆上或圆外，向$-X$方向进一步；

若 $F_m<0$，动点 m 在圆内，向 $+Y$ 方向进一步。

如此，根据偏差计算结果走步，一步步向终点逼近，直至到达终点。

③ 新偏差计算

式(1-4)的偏差计算公式含有平方计算，设加工点处于 $m(x_m, y_m)$ 点，其偏差计算式为

$$F_m = x_m^2 + y_m^2 - R^2$$

若 $F_m \geqslant 0$，坐标进给沿 $-X$ 方向走一步后到达 $m+1$ 点，其坐标值为

$$x_{m+1} = x_m - 1, y_{m+1} = y_m$$

新偏差函数为

$$F_{m+1} = x_{m+1}^2 + y_{m+1}^2 - R^2 = (x_m - 1)^2 + y_m^2 - R^2$$

即

$$F_{m+1} = F_m - 2x_m + 1 \tag{1-5}$$

若 $F_m<0$，坐标进给沿 $+Y$ 方向走一步后到达 $m+1$ 点，其坐标值为

$$x_{m+1} = x_m, y_{m+1} = y_m + 1$$

新偏差函数为

$$F_{m+1} = x_{m+1}^2 + y_{m+1}^2 - R^2 = x_m^2 + (y_m + 1)^2 - R^2$$

即

$$F_{m+1} = F_m + 2y_m + 1 \tag{1-6}$$

由式(1-5)和式(1-6)可知，新加工点的偏差可由前一点的偏差及前一点的坐标计算得到。并且，算式中只有乘法和加减运算，避免了平方运算，从而大大简化了计算工作。加工从圆弧起点开始，其起点偏差 $F_0=0$ 已知，因此新加工点的偏差值总可以根据前一点的偏差数据计算出来。

④ 终点判别

圆弧插补终点判别与直线插补基本相同，可将 X、Y 轴走步总和存入一计数器，无论 X 或 Y 坐标进给，计数器均减 1，当减到零时即认为到达终点。

(2) 圆弧插补计算举例

加工第一象限逆圆弧，已知起点 $A(4,0)$，终点 $B(0,4)$。试进行一插补计算并画出走步轨迹。

计算过程见表 1-3。根据表 1-3 作出走步轨迹如图 1-7 所示。

表 1-3 圆弧插补计算过程

步数	偏差判别	坐标进给	偏差计算	坐标计算	终点判别
起点			$F_0=0$	$x_0=4, y_0=0$	$\sum=4+4=8$
1	$F_0=0$	$-X$	$F_1=F_0-2x_0+1$ $=0-2\times4+1=-7$	$x_1=4-1=3$ $y_1=0$	$\sum=8-1=7$
2	$F_1<0$	$+Y$	$F_2=F_1+2y_1+1$ $=-7+2\times0+1=-6$	$x_2=3$ $y_2=y_1+1=1$	$\sum=6$
3	$F_2<0$	$+Y$	$F_3=F_2+2y_2+1=-3$	$x_3=3, y_3=2$	$\sum=5$
4	$F_3<0$	$+Y$	$F_4=F_3+2y_3+1=2$	$x_4=3, y_4=3$	$\sum=4$
5	$F_4>0$	$-X$	$F_5=F_4-2x_4+1=-3$	$x_5=2, y_5=3$	$\sum=3$
6	$F_5<0$	$+Y$	$F_6=F_5+2y_5+1=4$	$x_6=2, y_5=4$	$\sum=2$
7	$F_6>0$	$-X$	$F_7=F_6-2x_6+1=1$	$x_7=1, y_7=4$	$\sum=1$
8	$F_7>0$	$-X$	$F_8=F_7-2x_7+1=0$	$x_8=0, y_8=4$	$\sum=0$

(3) 四象限圆弧插补计算

设 SR_1、SR_2、SR_3、SR_4 分别表示第一、二、三、四象限顺时针圆弧，NR_1、NR_2、NR_3、NR_4 分别表示第一、二、三、四象限逆时针圆弧。

从前面分析可知，第一象限逆时针圆弧插补运动时，如图 1-8 中 NR_1 圆弧所示，动点坐标 x_m 的绝对值减少，y_m 的绝对值增加。X 轴进给一步，则

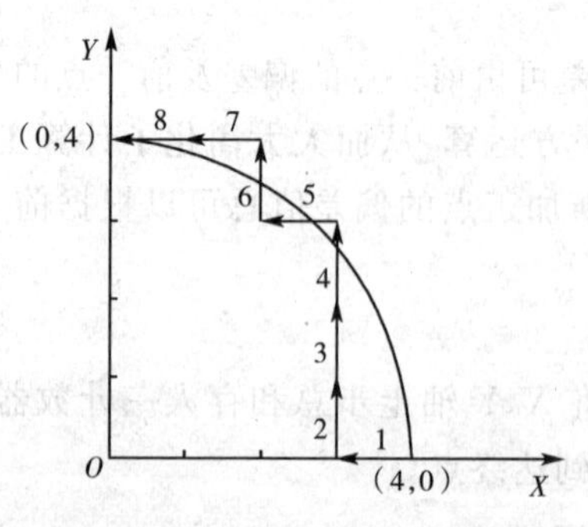

图 1-7 圆弧插补走步轨迹

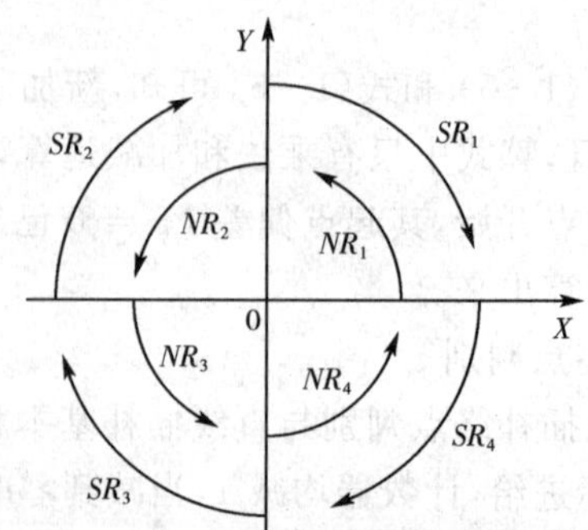

图 1-8 四象限圆弧

$$x_{m+1}=x_m-1$$

从而有

$$F_{m+1}=F_m-2x_m+1$$

Y 轴进给一步，则

$$y_{m+1} = y_m + 1$$

从而有

$$F_{m+1} = F_m + 2y_m + 1$$

而第一象限顺圆插补运动时，如图 1-8 中 SR_1 所示，动点坐标 x_m 的绝对值增加，y_m 的绝对值减少。由此可以得出以下结论：

当 $F_m \geqslant 0$，动点在圆上或圆外，Y 轴负向进给，动点坐标绝对值减少，即

$$y_{m+1} = y_m - 1$$

$$F_{m+1} = F_m - 2y_m + 1$$

当 $F_m < 0$，动点在圆内，X 轴正向进给，动点坐标绝对值增加，即

$$x_{m+1} = x_m + 1$$

$$F_{m+1} = F_m + 2x_m + 1$$

与直线插补相似，如果插补计算都用坐标的绝对值进行，将进给方向另作处理，那么四个象限的圆弧插补计算即可统一（见表 1-4 所示）。在此，圆弧的起点坐标只取其绝对值进行运算，起点坐标的符号则用于确定象限，从而确定进给方向。

表 1-4　四象限圆弧插补计算公式和进给方向

偏差 $F_m \geqslant 0$			
圆弧线型	进给方向	偏差计算	坐标计算
SR_1、NR_2	$-Y$	$F_{m+1} = F_m - 2y_m + 1$	$x_{m+1} = x_m$ $y_{m+1} = y_m - 1$
SR_3、NR_4	$+Y$		
NR_1、SR_4	$-X$	$F_{m+1} = F_m - 2x_m + 1$	$x_{m+1} = x_m - 1$ $y_{m+1} = y_m$
NR_3、SR_2	$+X$		
偏差 $F_m < 0$			
圆弧线型	进给方向	偏差计算	坐标计算
SR_1、NR_4	$+X$	$F_{m+1} = F_m + 2x_m + 1$	$x_{m+1} = x_m + 1$ $y_{m+1} = y_m$
SR_3、NR_2	$-X$		
NR_1、SR_2	$+Y$	$F_{m+1} = F_m + 2y_m + 1$	$x_{m+1} = x_m$ $y_{m+1} = y_m + 1$
NR_3、SR_4	$-Y$		

思考与练习

1. 什么叫数控机床?
2. 数控机床有几部分组成?其作用是什么?
3. 简述数控机床的加工过程与操作过程。
4. 解释插补与脉冲当量的含义。
5. 数控插补有几种方法?它们有什么不同?
6. 已知第一象限过原点直线,终点坐标为(3,7),试进行插补计算并画出走步轨迹图。
7. 加工第一象限逆圆弧,已知起点 $A(3,0)$,终点 $B(0,3)$,试进行插补计算并画出走步轨迹。
8. 加工第一象限顺圆弧,已知起点 $A(0,3)$,终点 $B(3,0)$,试进行插补计算并画出走步轨迹。与第7题做比较,你能得出什么结论?

第二章　数控车床操作基础

数控加工时，首先要进行数控机床回参考点（回零）操作，以建立机床坐标系、工件（编程）坐标系。在此基础上进行编程加工。工件编程加工时，实质是将运动的刀尖（刀位点）看成一个点对静止的工件进行编程。

数控程序一般按工件坐标系编程，对刀过程就是建立工件坐标系与机床坐标系之间对应关系的过程。

数控车床操作的流程为启动系统，装夹毛坯和刀具、对刀、输入程序、单段执行、自动加工等几部分。

目前在数控机床的市场上以德国 SIEMENS 数控系统和日本 FANUC 数控系统占据的份额较大。下面以这两种系统为例，进行数控操作面板以及数控机床回零、机床刀具对刀、数控机床加工等方面的知识介绍。

第一节　FANUC 0i 数控系统

日本 FANUC 数控系列是较早进入中国市场的数控产品，在北京建有大型的生产基地，在国内拥有较多的市场份额。现就以北京 FANUC 0i 数控车床操作面板（见图 2－1 标准车床操作面板和表 2－1 车床操作面板按钮介绍）为例来介绍回参考点、对刀、自动加工等有关知识。

表 2－1　车床操作面板各按钮名称

按钮图形	名称及作用	按钮图形	名称及作用
ALERT	替代键。用输入的数据替代光标所在的数据		手动键。按此键，可进行手动换刀，对刀设置等功能
DELETE	删除键。删除光标所在的数据；或者删除一个数控程序或删除全部数控程序	TOOL	手动换刀
INSERT	插入键。把输入域中的数据插入到当前光标之后的位置	COOL	冷却
			手轮选择
CAN	修改键。消除输入域中的数据		手动输入方式（MDI 方式）
EOB E	回车换行键。结束一行程序的输入并且换行		点动方式或手动脉冲方式
SHIFT	上档键。输入数字或字母键的上位数字或字母	X 1	点动，每按一次按钮，工作台相应移动 1μm

（续表）

按钮图形	名称及作用
PROG	数控程序显示与编辑页面
POS	位置显示页面。有三种方式，用PAGE按钮选择
OFFSET SETTING	参数输入页面。按第一次进入坐标系设置页面；按第二次进入刀具补偿参数页面。进入不同的页面后，用PAGE按钮切换
HELP	系统帮助页面
CUSTOM GRAPH	图形参数设置页面
SYSTEM	系统参数页面
MESSAGE	信息页面，如“报警”
RESET	复位键
↑ PAGE	向上翻页
PAGE ↓	向下翻页
INPUT	输入键。把输入域内的数据输入参数页面或者输入一个外部的数控程序
↑	向上移动光标
↓	向下移动光标
→	向右移动光标
←	向左移动光标
	机床回参考点键。上有指示灯
X	选择 X 轴。当 X 轴返回到参考点时或手轮选用 X 轴时，其上指示灯亮
Z	选择 Z 轴。其意义同选择 X 轴一样

按钮图形	名称及作用
X 10	点动，每按一次按钮，工作台相应移动 10μm
X 100	点动，每按一次按钮，工作台相应移动 100μm
X1000	点动，每按一次按钮，工作台相应移动 1000μm(1mm)
	主轴正转
	主轴停止
	主轴反转
	循环启动
	循环停止
	自动加工
	单步加工
	程序段跳跃
	程序重启动
	机床锁住
	空运行
+	正方向
−	负方向
	移动速度叠加
	程序保护锁
	主轴转速修调旋钮
	急停旋钮
	进给速度倍率修调旋钮

（续表）

按钮图形	名称及作用	按钮图形	名称及作用
	程序编辑。		手轮
	可选择性暂停		文件传输
	M00 程序停止		示教

一、启动机床

接通机床电源。将程序保护锁打开，进入数控系统屏幕显示界面。现在大多数控系统采用 CRT 界面显示。

检查急停按钮是否松开至状态，若未松开，轻旋转急停按钮，将其松开。

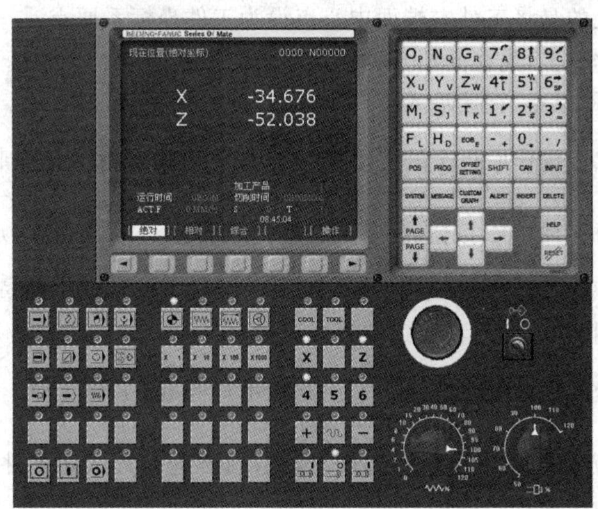

图 2－1 FANUC 0i 车床标准面板

二、机床回参考点

检查操作面板上回原点指示灯是否亮起，若指示灯亮起，则已进入回参考点模式；若指示灯不亮，则点击按钮，转入回参考点模式。

在回参考点模式下，先将 X 轴回参考点，点击操作面板上的 X 按钮，使 X 轴方向移动指示灯 X 亮起，此时 X 轴将自动返回参考点；CRT 上的 X 坐标变为“0.000”。同样，点击 Z 轴方向移动按钮 Z，使 Z 轴方向移动指示灯 Z 亮起，Z 轴将自动返回参考点。此时 CRT 界面如图 2－2 所示（a 图表示绝对坐标位置；b 图表示相对坐标位置；c 图表示综合坐标位置）。

注意：当数控机床回参考点后，其所有坐标值都显示为 0。

数控机床回参考点的目的是建立机床坐标系，为工件编程与加工建立基准。因此每次数控机床接通电源开始工作前，首先要进行回参考点操作。

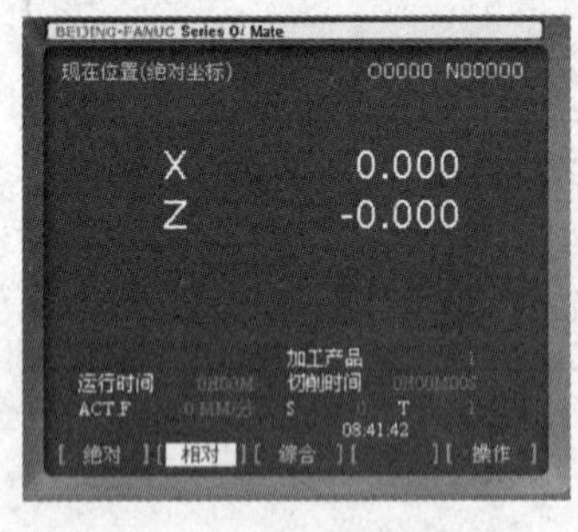

a)

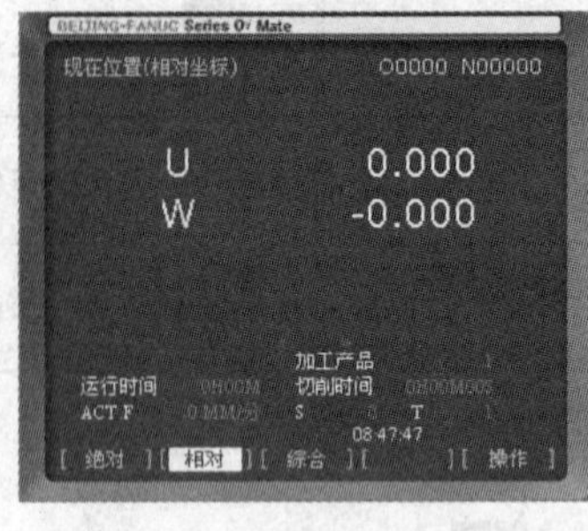

b)

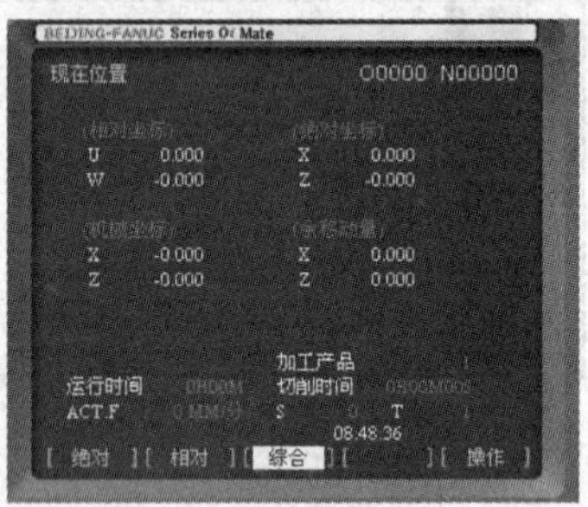

c)

图 2-2 回参考点界面

三、刀具对刀

数控程序一般按工件坐标系编程，对刀过程就是建立工件坐标系与机床坐标系之间对应关系的过程。常见的是将工件右端面中心点设为工件坐标系原点。

刀具对刀方法比较多，现在介绍几种常见对刀方法。

方法一：测量工件原点，直接输入工件坐标系 G54～G59 对刀方法。

(1)切削外径：点击操作面板上的手动按钮，手动状态指示灯亮起，机床进入手动操作模式，点击控制面板上的 X 按钮，使 X 轴方向移动指示灯 X 亮起，点击 + 或 -，使机床在 X 轴方向移动；采用同样操作方法操作机床在 Z 轴方向移动。通过手动方式或手轮方式将机床移到工件端面(注意刀具和工件不要碰撞)。

点击操作面板上的主轴正转按钮，使其指示灯亮起，主轴转动。再点击 Z 轴方向移动按钮 Z，使 Z 轴方向指示灯 Z 亮起，点击 -，用所选刀具试切工件外圆，如图 2-3 所示。然后按 + 按钮，X 方向保持不动，刀具沿 Z 向退出。

注意：FANUC 数控系统机床，第一次启动主轴时，需在 MDI 中设置转向和转速，否则机床主轴不转动。

(2)测量试切削位置的直径：点击操作面板上的主轴停转按钮，使主轴停止转动，测量试切外圆时所切部分直径。记下对应 X 的值 α。

(3)点击 MDI 键盘上的 OFFSET SETTING 键。

(4)把光标定位在需要设定的坐标系上(直接输入 G54 或 G55～G59)。

(5)光标移到 X。

(6)输入直径值 α。

(7)按屏幕下方对应的软键“输入”或 INPUT 键，完成刀具 X 方向的对刀。

(8)切削端面：点击操作面板上的主轴正转按钮，使其指示灯亮起，主轴转动。将刀具移至工件端面位置，点击控制面板上的 X 按钮，使 X 轴方向移动指示灯 X 亮起，点击 – ，切削工件端面。然后按 + 按钮，Z 方向保持不动，刀具沿 X 向退出（如图 2－4 所示）。

（9）点击操作面板上的按钮，使主轴停止转动。

（10）把光标定位在需要设定的坐标系上（和 X 轴的坐标系选择一致）。

（11）按下需要设定的轴地址“Z”键。

（12）输入工件坐标系原点的距离（注意距离有正负号）。

（13）按软键“测量”，自动计算出坐标值并自动输入到工件坐标系中，则完成刀具对刀的操作。

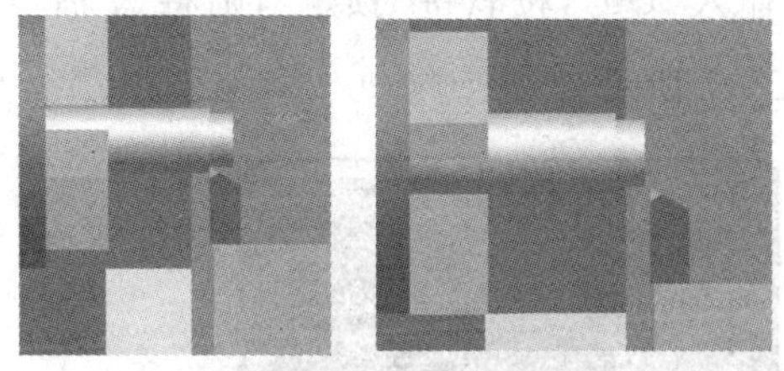

图 2－3　外圆的切削与测量

图 2－4　端面的切削与退出

方法二：测量、输入刀具偏移量对刀方法。

使用这个方法对刀，在程序中直接使用机床坐标系原点作为工件坐标系原点。对刀方法如下：

（1）用所选刀具试切工件外圆，点击按钮，使主轴停止转动，测量试切后的工件直径，记为 α。

（2）保持 X 轴方向不动，刀具退出。点击 MDI 键盘上的 OFFSET SETTING 按钮，进入形状补偿参数设定界面，将光标移到相应的刀具号位置，输入 Xα，按“测量”软键输入（如图 2－5 所示）。完成刀具 X 方向的对刀。

（3）试切工件端面，读出端面在工件坐标系中 Z 的坐标值，记为 β（此处以工件端面中心点为工件坐标系原点，则 β 为 0）。

（4）保持 Z 轴方向不动，刀具退出。进入形状补偿参数设定界面，将光标移到相应的位置，输入 Zβ，按“测量”软键（如图 2－5）输入到相应指定区域。至此完成了刀具的对刀操作。

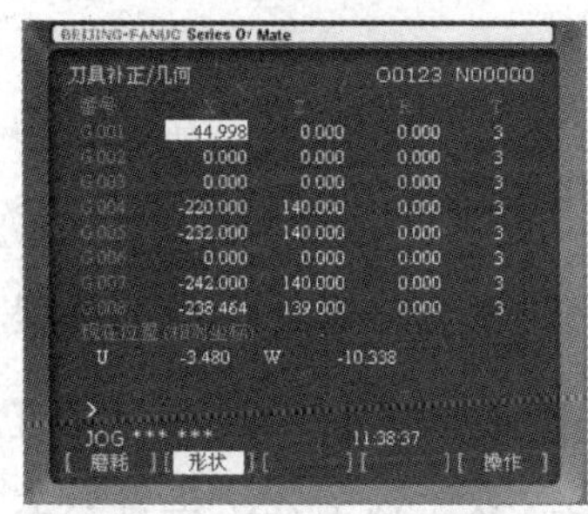

图 2－5　刀具偏移量设置

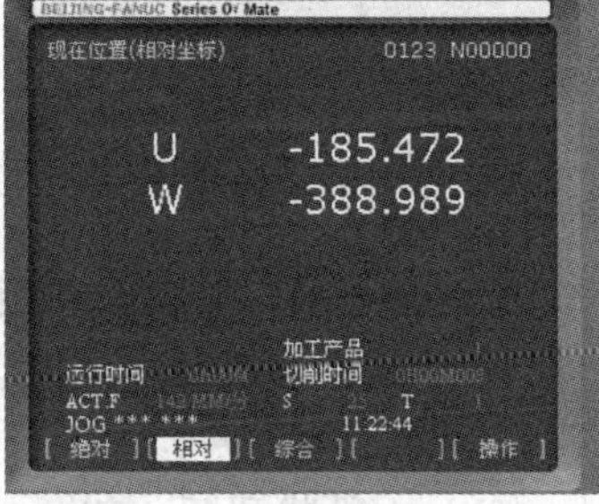

a）相对坐标界面

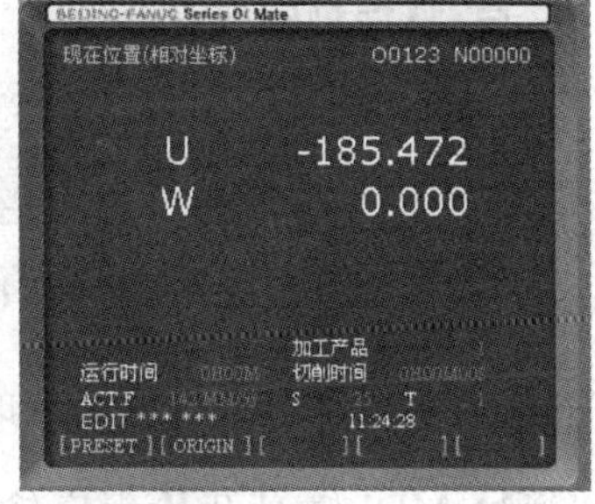

b）设置相对原点

图 2－6　刀具偏置设置

方法三:设置偏置值完成多把刀具对刀方法。

选择一把刀为标准刀具,采用试切法或自动设置坐标系法完成对刀,把工件坐标系原点放入G54~G59,然后通过设置偏置值完成其它刀具的对刀,下面介绍刀具偏置值的获取办法。

点击 MDI 键盘上 POS 按钮,进入相对坐标显示界面,如图 2-6 所示。

用选定的标准刀试切工件端面,将刀具当前的 Z 轴位置设为相对零点(设零前不得有 Z 轴位移)。方法:依次点击 MDI 键盘上的 SHIFT、Z_W、0. 按钮,输入"W0",按软键"预定",则将 Z 轴当前坐标值设为相对坐标原点(如图 2-6b 图所示)。

用标刀试切零件外圆,将刀具当前 X 轴的位置设为相对零点(设零前不得有 X 轴的位移):依次点击 MDI 键盘上的 SHIFT、X_U、0. 按钮,输入"U0",按软键"预定",则将 X 轴当前坐标值设为相对坐标原点。此时 CRT 界面如图 2-7 所示。

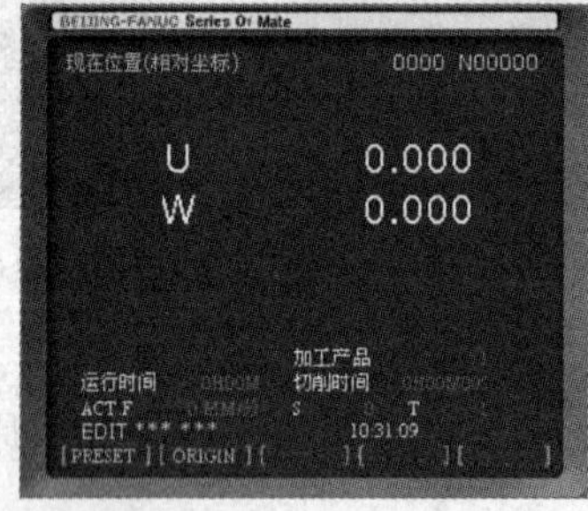

图 2-7　相对坐标原点

图 2-8　刀具偏置值

手动换刀后,移动刀具使刀尖分别与标准刀切削过的表面接触。接触时显示的相对值,即为该刀相对于标刀的偏置值 ΔX,ΔZ。(为保证刀准确移到工件的基准点上,可采用手动脉冲进给方式)此时 CRT 界面如图 2-8 所示,所显示的值即为偏置值。

将偏置值输入到刀具形状参数补偿表内(如图 2-5 所示)。

注:MDI 键盘上的 SHIFT 键用来切换字母键,如 X_U 键,直接按下输入的为"X";按 SHIFT 键,再按 X_U 键,输入的为"U"。

注意:不管采用哪种对刀方法,当刀具切入工件(外圆、端面)时,机床进给倍率修调旋钮值要小,不能大,否则极易造成刀具损坏。

四、数控机床加工

1. 新建一个 NC 程序

点击操作面板上的编辑按钮,内的编辑状态指示灯亮起,此时进入编辑状态。点击 MDI 键盘上的 PROG 按钮,CRT 界面转入编辑页面。利用 MDI 键盘输入"O×"(×为程序号,但不可以与系统内已有的程序号重复),按 INSERT 按钮,CRT 界面上显示一个空程序,可以通过 MDI 键盘开始程序输入。输入一段代码后,按 INSERT 按钮,输入域中的内容显示在 CRT 界面上,用点击回车换行按钮 EOB_E,结束一行的输入后光标自动换行。

2. 程序试运行

导入数控程序或自行编写一段新程序。

点击操作面板上的“自动运行”按钮，使内的指示灯亮起。

点击机床锁住按钮。

点击循环启动按钮，程序开始执行，但刀具不运动，不进行工件切削。可结合数控机床面板上图形模拟功能，观察加工程序的内容正确与否。

如果试运行过程中，点击空运行按钮，则整个程序的运行一律以 G00 速度快速空运行。

3. 自动/连续加工流程

导入数控程序或自行编写一段新程序。

点击操作面板上的“自动运行”按钮，使内的指示灯亮起。

点击操作面板上的循环启动按钮，程序开始自动执行加工。

4. 中断运行

数控程序在运行过程中可根据需要执行暂停，停止，急停和重新运行。

数控程序在运行时，点击可选择暂停按钮，程序停止执行；再点击按钮，程序从暂停位置开始执行。

数控程序在运行时，点击程序停止按钮，程序停止执行；再点击按钮，程序从开头重新执行。

数控程序在运行时，点击程序重启按钮，则加工程序再次从程序开始部分加工。

数控程序在运行时，按下急停按钮，数控程序中断运行，继续运行时，先将急停按钮旋松开，再按按钮，余下的数控程序从中断行开始作为一个独立的程序执行。

5. 自动/单段方式

导入数控程序或自行编写一段程序。

点击操作面板上的“自动运行”按钮，使内的指示灯亮起。

点击操作面板上的单段执行按钮。

点击操作面板上的按钮。

注：①自动/单段方式每执行一程序段，均需点击一次按钮。

②点击“单节跳过”按钮，则程序运行时跳过符号“/”有效，该行成为注释行，该行程序不再执

行。可有效通过此功能，将一个程序作为两个程序使用。

点击“选择性停止”按钮，则程序中 M01 代码有效。

可以通过主轴倍率旋钮和进给倍率旋钮来调节主轴旋转的速度和移动的速度。

点击按钮可将程序重置。

第二节　SIEMENS 数控系统

德国 SIEMENS 数控系统同 FANUC 数控系统一样，也是较早进入中国市场。SIEMENS 经济型数控系统在国内已基本实现国产化，价格相对便宜，用户较多。现以标准 SIEMENS802s/c 数控机床操作面板（如图 2-9 及表 2-2 所示各按钮名称）为例进行回参考点、对刀、加工介绍。

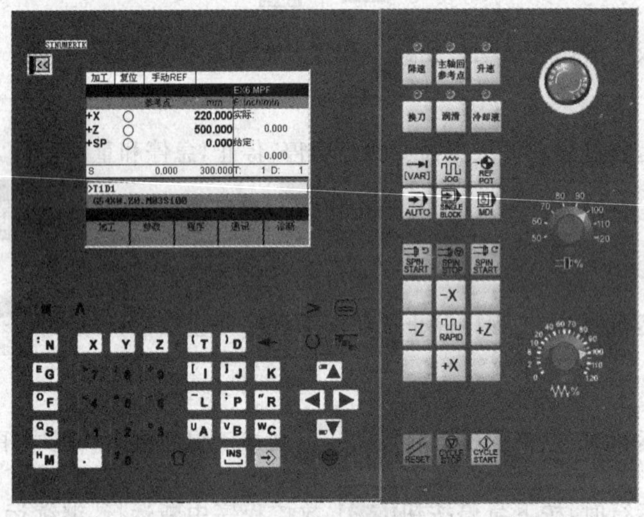

图 2-9　标准 SIEMENS802s/c 数控车床操作面板

表 2-2　SIEMENS802s/c 数控系统面板各按钮名称

按钮图形	名称与作用	按钮图形	名称与作用
M	加工显示键	换刀	手动换刀
∧	返回键	润滑	机床润滑
	各操作屏幕对应软键	[VAR]	增量进给选择，点击按键，其数值范围为 0.001mm、0.01mm、0.1mm、1mm
>	菜单扩展键	JOG	手动（点动）方式
	区域转换键	REF POT	回参考点
	垂直（下级）菜单键	AUTO	自动方式

（续表）

按钮图形	名称与作用	按钮图形	名称与作用
	选择/转换键	SINGLE BLOCK	单段执行方式
	退格键（删除键）	MDI	MDI 方式
	光标向上键；向上翻页键	SPIN START	主轴正转
	光标向右键	SPIN STOP	主轴停转
	光标向左键	SPIN START	主轴反转
	光标向下键；向下翻页键	+X	X 轴正方向
	报警应答键	-Z	Z 轴负方向
	回车/输入键	RAPID	速度运行叠加
INS	空格键（插入键）	+Z	Z 轴正方向
	上档键	-X	X 轴负方向
E G	字母键	RESET	复位键
+ 9	数字键	CYCLE STOP	数控停止
	急停旋钮	CYCLE START	数控启动
	转速修调旋钮		进给修调旋钮

一、启动车床

机床接通电源，进入 SIEMENS 系统数控车床界面。

检查急停按钮是否松开至状态，若未松开，旋开急停按钮，将其松开。

点击操作面板上的“复位”按钮，此时机床完成加工前的准备

二、机床回零

机床接通电源后，此时 CRT 界面的状态栏上显示“手动 REF”。

X 轴回零，按住操作面板上的 +X 按钮，直到 X 轴完成回零，CRT 界面上的 X 轴回零指示灯亮，如图 2－10 所示

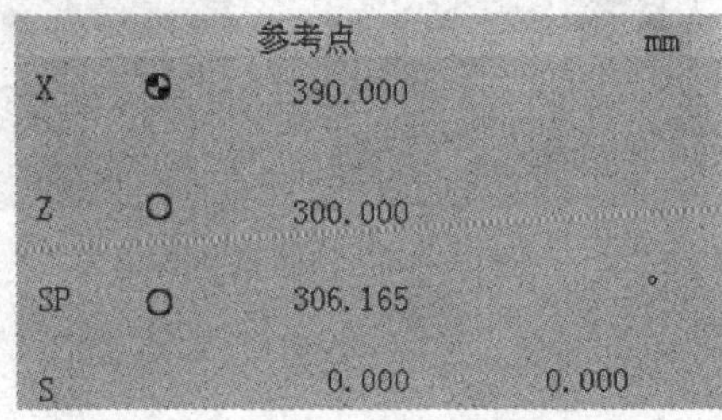

图 2－10　X 轴回参考点

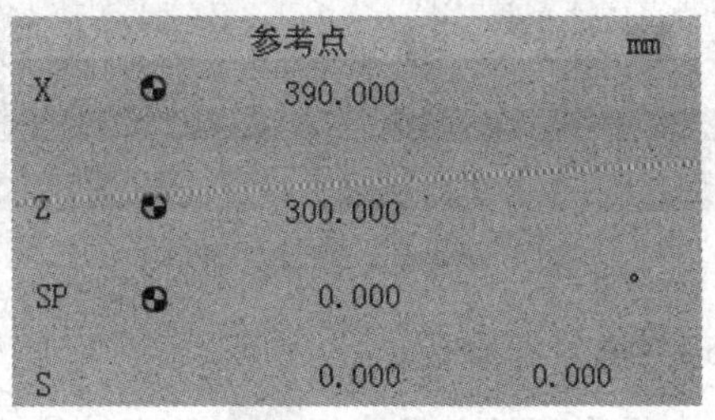

图 2－11　坐标轴回零图

同样的办法可以使 Z 轴回零，此时 CRT 界面上的 Z 轴回零灯亮

点击操作面板上的“主轴正转”按钮，则主轴也回零，此时 CRT 界面如图 2－11 所示。

三、对刀

SIEMENS 数控系统提供的对刀方法有试切设定，采用测量的方法设定 G54，直接使用机床坐标系的长度偏移法三种方法。

方法一：试切设定法

机床全部回零后，点击操作面板上的手动方式按钮，CRT 界面状态栏显示“手动”。

(1)在 CRT 界面点击“参数”软键，进入参数设置窗口(如图 2－12 所示)。

(2)点击“刀具补偿”对应的软键，进入刀具补偿窗口(如图 2－13 所示)。

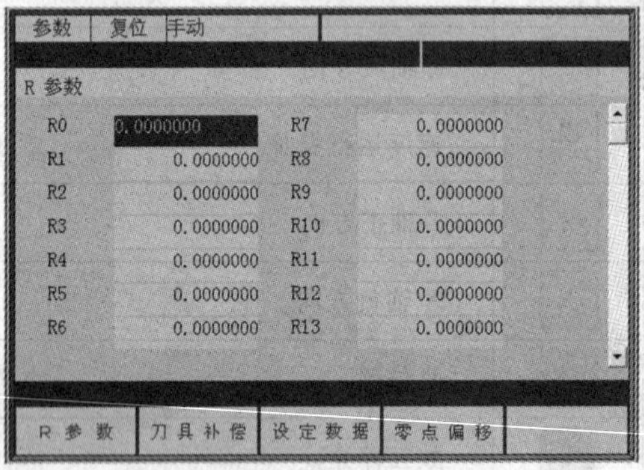

参数 复位 手动

R 参数

R0	0.0000000	R7	0.0000000
R1	0.0000000	R8	0.0000000
R2	0.0000000	R9	0.0000000
R3	0.0000000	R10	0.0000000
R4	0.0000000	R11	0.0000000
R5	0.0000000	R12	0.0000000
R6	0.0000000	R13	0.0000000

R 参数 | 刀具补偿 | 设定数据 | 零点偏移

图 2－12 参数设置窗口

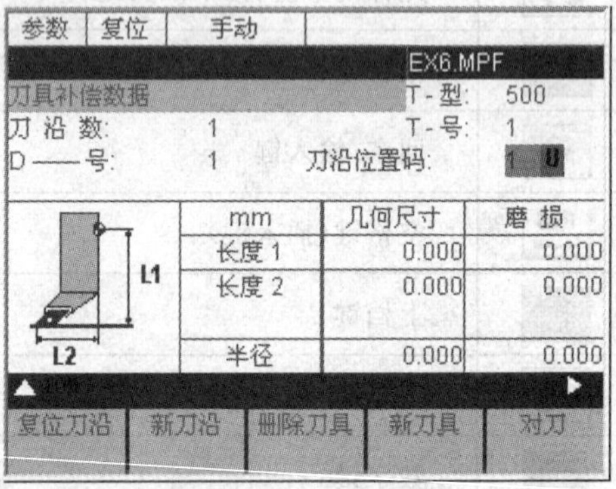

参数 复位 手动

EX6.MPF

刀具补偿数据 T-型: 500

刀沿数: 1 T-号: 1

D——号: 1 刀沿位置码: 1

mm	几何尺寸	磨损
长度 1	0.000	0.000
长度 2	0.000	0.000
半径	0.000	0.000

复位刀沿 | 新刀沿 | 删除刀具 | 新刀具 | 对刀

图 2－13 刀具补偿窗口

(3)进入 X 轴对刀窗口。

点击按钮，再点击“对刀”软键，进入 X 轴对刀窗口(如图 2－14 所示)。

(4)刀具试切工件外圆。

点击操作面板上的按钮，使主轴正转。点击 -Z 按钮，用所选刀具试切工件外圆，如图 2－15 所示。然后将刀具沿＋Z 方向退出。注意刀具退出时，不能有 X 方向的运动。

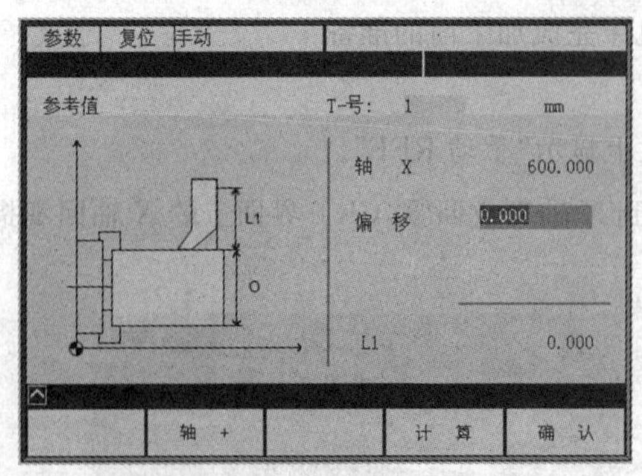

图 2－14 X 轴对刀窗口

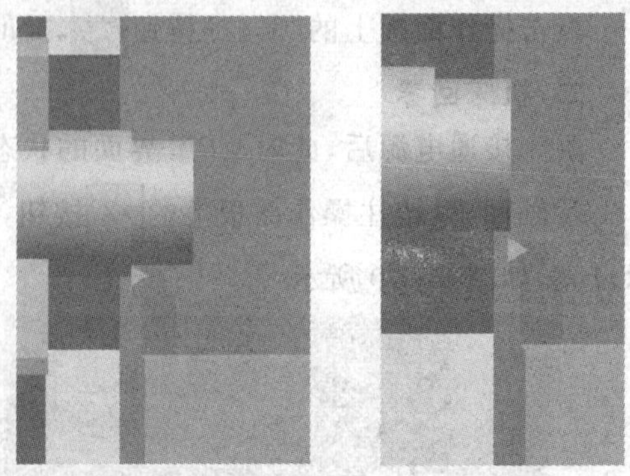

图 2－15 外圆试切与退刀

(5)测量工件直径。

点击操作面板上的按钮，使主轴停止转动。测量所切削外圆直径 α。

(6)将工件直径数据 α 输入到对刀窗口(如图 2-16 所示)。

将工件直径的数据录入到绿色的条形框中,点击“计算”软键,然后点击“确认”软键。

(7)进入 Z 轴对刀窗口。

点击“对刀”对应的软键,进入对刀窗口,按“轴+”对应软键实现 Z 轴和 X 轴的转换。弹出 Z 轴对刀窗口(如图 2-17 所示)。

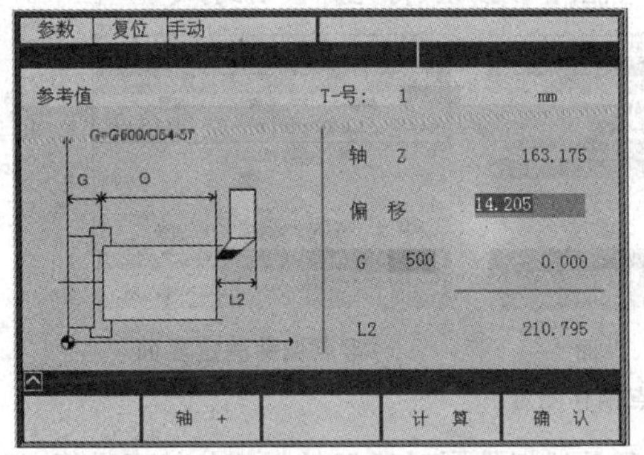

图 2-16 输入工件直径值

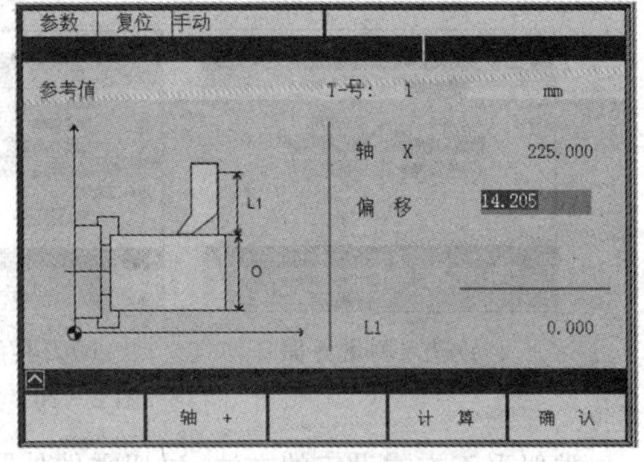

图 2-17 Z 轴对刀窗口

(8)试切工件端面,并沿 X 轴正方向退刀。

点击操作面板上的按钮 SPIN START,使主轴正转。点击 -X 按钮,用所选刀具试切工件端面。并按 +X 按钮,使刀具沿 X 轴方向退出(如图 2-18 所示)。

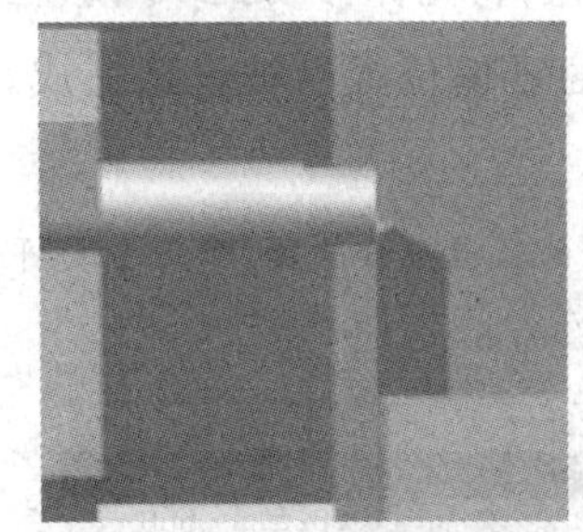

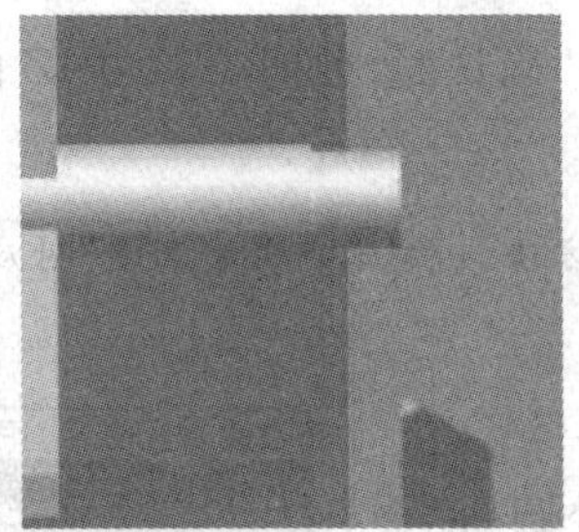

图 2-18 试切工件端面与退刀

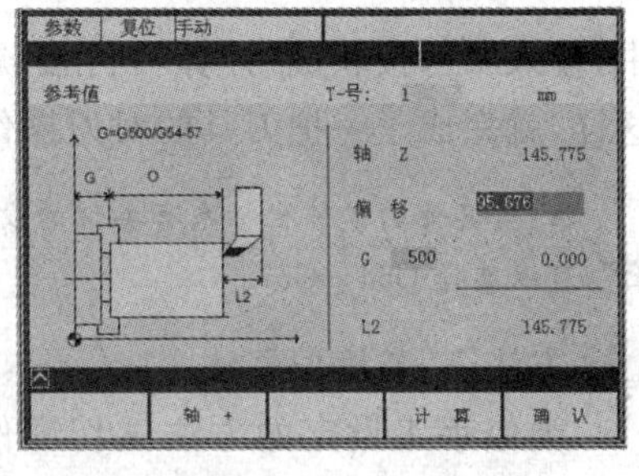

图 2-19 输入 Z 值

(9)测量工件端面和卡盘端面的距离 Z 值。

点击操作面板上的按钮 SPIN STOP,使主轴停止转动。测量工件端面和卡盘端面的距离 Z 值。将数据录入到绿色的条形框中,点击“计算”软键后再点击“确认”软键(如图 2-19 所示)。

割刀和螺纹刀的对刀原理与外圆刀对刀方法相同,所不同的是割刀、螺纹刀车削外圆功能较差,可以利用增量选择按钮 [VAR],使刀尖轻微接触到工件。也可直接利用外圆刀对刀记录中的数据。

注:①可在图 2-19 中,将 Z 轴偏移量直接输入 0,也不影响工件加工。类似将此把刀具当成标刀。但编程时,不能使用 G158 偏置。

②输入测量值 Z 后,可将 G500 改为 G54(或 G55~G57),直接设定 G54。

③增量选择按钮 [VAR] 的应用,点击按钮 [VAR],选择相应的位移量,有 0.001mm、0.01mm、0.1mm、1mm 四

种规格，然后再点击相应轴的位移方向，获得轴的微位移量。

方法二：测量方法设定 G54

点击操作面板上的按钮，点击 CRT 界面下方“参数”软键，点击“零点偏移”软键，点击软键“测量”，出现刀具选择界面，点击软键“确认”后，弹出如图 2－20 所示的“零点偏移测定”对话框，此时对话框右上部显示的为 X 轴。点击按钮，将光标移动到“零偏”栏中。

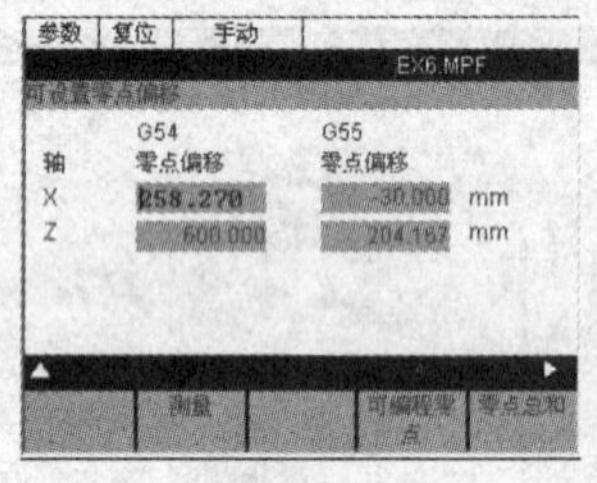

a)进入测量界面

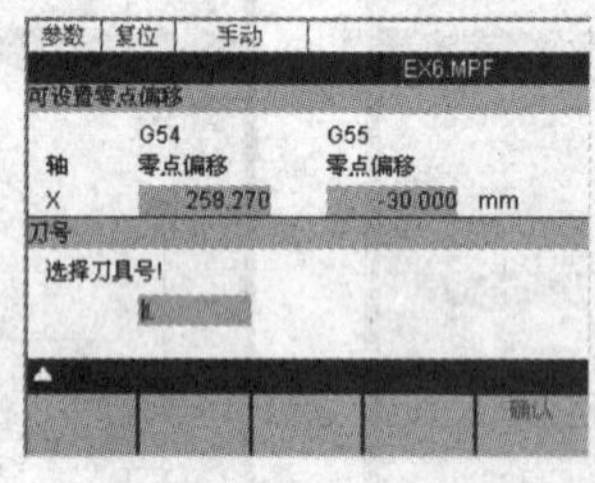

b)刀具确认界面

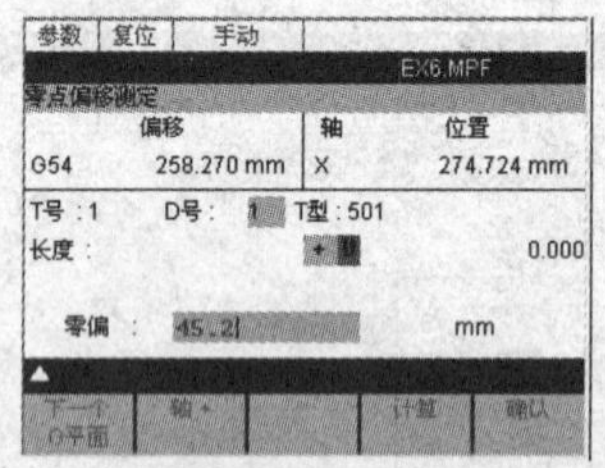

c)零点偏移测定界面

图 2－20　零点偏移测定

类似手工方式设定的方法，试切零件外圆，测量试切外圆时所切材料部分的直径值，记为 X1，保持 X 轴方向不移动，在“零偏”栏中输入 X1 的值（图 2－20 中输入 45.2），按软键“计算”，再按软键“确认”，此时 G54 中 X 的零偏位置已被设定完成。

类似手工方式设定的方法，将刀具退至工件端面，试切端面，保持 Z 轴方向不移动，再按软键“测量”，与上面相同的方法进入“零点偏移测定”界面（图 2－20），此时对话框右上部显示的为 X 轴。点击软键“轴＋”，将其显示为 Z 轴，点击按钮，将光标移动到“零偏”栏中，输入“0”，按软键“计算”，再按软键“确认”。此时 G54 中 Z 的零偏位置已被设定完成。这样，就完成了一把刀具的对刀操作。

注：对其他的工件坐标系有类似的设定方法。在“零点偏移测定”对应的软键中按软键“下一个 G 平面”，可以选择 G54～G57。

方法三：长度偏移法

类似手工设定的方法试切零件外圆，记下此时 X 轴的坐标，记为 X1，试切零件端面，记下此时 Z 轴的坐标，记为 Z。测出被切零件的直径，记为 X2；记 X＝X1－X2。

点击操作面板上的按钮，点击 CRT 界面下方“参数”软键，点击“刀具补偿”软键，进入如图 2－21 所示的“刀具补偿数据”对话框。

在“长度 1”栏中输入 X 的值，将光标移到“长度 2”栏中，输入 Z 的值，在“半径”栏中输入所选刀具的刀尖半径值。

图 2－21　刀具补偿数据界面

此时将机床回零，执行数控程序“T01D01M06/G00X0Z0”，则机床移到零件端面中心点。

注：此时不需设工件坐标系。

四、自动加工程序

1. 程序编辑

(1)新建一个数控程序

点击操作面板上的按钮,在CRT界面下方显示软键菜单条,按软键“程序”,在弹出的下级子菜单中按扩展 > 按钮,在子菜单中按软键“新程序”,弹出如图2-22所示的“新程序”对话框。

图2-22 建立新程序

在“请指定新程序名”栏中输入新建的数控程序的程序名,按软键“确认”。完成了数控程序的新建。此时CRT界面上显示一个空的程序编辑界面。

注:数控程序名需以两个英文字母开头,或以字母L开头跟不大于7位的数字。

(2)选择一个数控程序

点击操作面板上的“自动”按钮 AUTO,CRT界面上显示出数控程序目录。

点击操作面板上的方位按钮▲或▼,光标在数控程序名中移动。光标停留在所要选择的数控程序名上,按软键“选择”,数控程序被选中,可以用于自动加工。此时CRT界面右上角显示选中的数控程序名。

注:当数控程序正在运行时,即CRT界面的状态栏显示“运行”时不能选择程序,否则将弹出错误报告。按软键“确认”取消错误报告。

(3)数控程序的打开与删除

CRT界面上显示了数控程序目录。将光标停留在所要选择的数控程序名上,按软键“打开”,数控程序被打开,可以用于编辑。按软键“删除”,选中的数控程序被删除。

(4)程序重命名

CRT界面上显示了数控程序目录。将光标停留在所要重命名的数控程序名上,按软键“重命名”,弹出如图2-23所示的“改换程序名”对话框。

点击键盘上的数字/字母键,在“请指定新程序名”栏中,输入新的程序名,按软键“确认”。

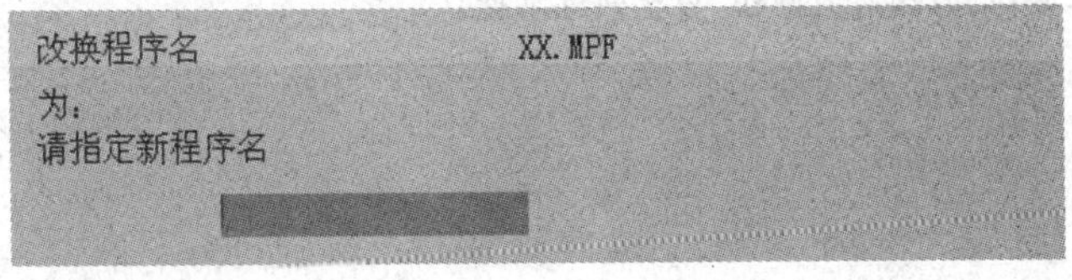

图2-23 程序重命名

2. 程序加工

(1)自动加工

检查机床是否已经回零。若未回零,先将机床回零。

选择一个供自动加工的数控程序。

点击操作面板上的“自动模式”按钮,机床进入自动加工模式。

点击操作面板上的“运行开始”按钮,程序自动运行,加工工件。

(2)中断运行

数控程序在运行过程中可根据需要执行暂停、停止、急停和重新运行操作。

数控程序在运行过程中,点击数控停止按钮,程序暂停运行,机床保持暂停运行时的状态。再次点击“运行开始”按钮,程序从暂停行开始继续运行

数控程序在运行过程中,点击“复位”按钮,程序停止运行,机床停止,再次点击“运行开始”按钮,程序从暂停行开始继续运行

数控程序在运行过程中,按“急停”按钮,数控程序中断运行,继续运行时,先将急停按钮松开,再点击“运行开始”按钮,余下的数控程序从中断行开始作为一个独立的程序执行。

注:在自动加工时,如果点击,切换机床进入手动模式,将出现警告框 016913,点击操作面板上的可取消警告,继续操作。

(3)自动/单段方式

选择一个供自动加工的数控程序。使机床进入“自动加工”模式。

点击操作面板上的“单段”按钮。

每点击一次“运行开始”按钮,数控程序执行一行。

注:数控程序执行后,想回到程序头,可点击操作面板上的“复位”按钮。

思考与练习

1. 熟悉机床操作面板,输入一个新程序并进行编程训练。
2. 练习机床回零操作、刀具对刀操作,直至熟练掌握。

第三章 数控编程基础

第一节 数控编程概述

数控编程是数控加工的重要步骤。数控机床对零件进行加工时，首先要对零件进行加工工艺分析，确定加工方法、加工工艺路线；正确选择数控机床刀具和零件装夹方法；然后，按加工工艺要求，根据所用数控机床规定的指令代码及程序格式，将刀具的运动轨迹、位移量、切削参数（主轴转速、进给量、背吃刀量等）以及辅助功能（换刀、主轴正转/反转、切削液开/关等）编写成加工程序，通过 MDI 输入或 DNC 传输到数控装置中，从而进行零件加工。

一、编程内容与方法

程序编制包含以下几个方面的工作。

1. 加工工艺分析

编程人员首先要根据零件图纸，对零件材料、形状、尺寸、精度和热处理要求等进行加工工艺分析，选择合理加工方案，确定加工顺序，加工路线、装夹方式、刀具及切削参数等。

2. 数值计算

根据零件图纸的几何尺寸确定工艺路线并设定坐标系，计算零件粗、精加工运动的轨迹，得到刀位数据。对于形状比较简单的零件的轮廓加工，要计算出几何元素的起点、终点、圆弧的圆心、两几何元素的交点或切点的坐标值等。

3. 编写零件加工程序

加工路线、工艺参数以及刀位数据确定后，编程人员根据数控系统规定的功能指令代码及程序段格式，逐段编写加工程序段。

4. 制备控制介质

通过 MDI 手工输入或 DNC 通讯传输方式将程序录入到数控系统。

5. 程序校对与首件试切

整个数控编程的内容及步骤，可用图 3－1 表示。

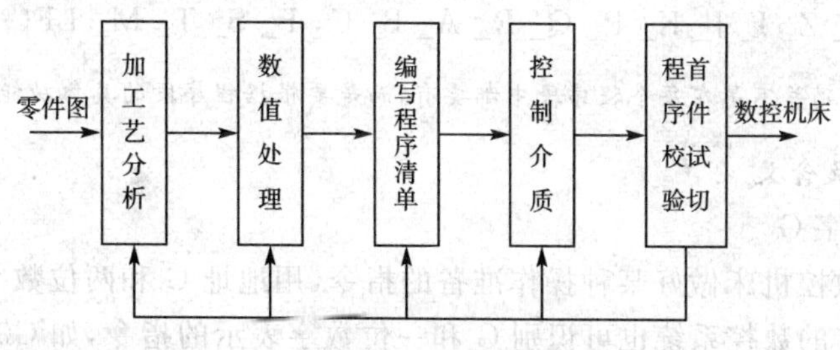

图 3－1 数控编程步骤

二、数控编程种类：

数控编程分为手工编程与自动编程两种。

1. 手工编程

手工编程就是整个数控编程步骤全部由人工完成。对于加工形状简单、计算量小、程序不多的零件，采用手工编程容易、经济、快捷。在点位加工或由直线与圆弧组成的轮廓加工中，大多采用手工编程。

2. 自动编程

自动编程就是利用计算机专用软件编制数控加工程序的过程。用于形状复杂的零件或具有非圆曲线、列表曲线及曲面组成的零件的加工程序编制。

三、程序结构与格式

1. 加工程序的组成结构

加工程序分为主程序和子程序。不论是主程序还是子程序，每一程序都是由程序号、程序内容和程序结束三部分组成。

程序的内容由若干程序段组成，程序段由若干字组成，字由字母和数字组成。通俗地说，就是字和字母组成字，字组成程序段，程序段组成程序。

(1)程序号

程序号为程序的开始部分。每个程序都有编号，编号前采用程序地址码。

在 FANUC 数控系统中，程序号采用字母 O×表示，其中×表示程序的编号，一般用四位数表示，数字中第一位如果是“0”，可省略。如 O123 表示 O0123 程序。

在 SIEMENS802s/c 数控系统中，程序号以字母加数字的形式组成，也可全部由字母组成，但不得超过 8 位，如 SK123 程序、L0123 程序。但数字中第一位“0”不能省略，如 L0123 和 L123 表示两个程序。

(2)程序内容

程序内容是整个程序的核心，由许多程序段组成，表示数控机床要完成的全部动作。

(3)程序结束

以 M02 或 M30 作为整个程序结束符号，结束整个程序。

2. 程序段格式

程序段格式最常用的为字一地址程序段格式。

字一地址程序段格式由语句号字、数据字和程序段结束组成。各字后面有地址，字的排列顺序要求不严格，数据的位数可多可少，不需要的字以及上一程序段相同的续效字可以不写。

字一地址程序段格式的编排顺序如下：

N_ G_ X_ Y_ Z_ I_ J_ K_ P_ Q_ R_ A_ B_ C_ F_ S_ T_ M_ LF(;)

注：以上字-地址码并不是在每个程序段中都要有，而是要根据程序段的具体功能来编。

3. 字的分类及含义

(1)准备功能字 G

G 功能是使数控机床做好某种操作准备的指令，用地址 G 和两位数字表示。从 G00～G99 共 100 种。有的数控系统也可识别 G 和一位数字表示的指令，如 G01 与 G1 表示的功能一致。

G 代码分为模态代码(续效代码)和非模态代码。非模态代码只在本程序有效；模态代码一直有效，直到被相同组别的代码取代。

不同数控系统G代码表示的功能并不完全相同，编程时要根据说明书进行编程。

(2)尺寸字

尺寸字由地址码、“+”“-”符号及绝对(或增量)数值构成。“+”可省略不写。

(3)进给功能字F

进给功能字F表示刀具中心运动时的进给速度，由地址码F和后面的若干位数字构成。

(4)主轴转速功能字S

主轴转速功能字S表示加工时机床主轴的转速，由地址码S和后面的若干位数字构成。

(5)刀具功能字T

刀具功能字T表示加工时所用的刀具号，由地址码T和后面的若干位数字构成。数字的位数由数控系统决定。

(6)辅助功能字M

辅助功能字M，是控制机床或系统开关功能的命令，不同数控系统M代码表示功能并不完全相同，编程时，要根据说明书进行编程。

(7)程序段结束

写在每一程序段之后，表示程序结束。EIA标准代码使用CR结束；ISO代码使用LF或NL结束；有的用符号“;”表示；有的直接回车也行。编程时要针对不同的数控系统进行，FANUC 0i系统中，程序段结束用“;”表示；SIEMENS802s/c系统中，用回车表示程序段结束。

(8)程序段中各字含义(见表3-1)

表3-1　地址码中各字母含义

地址	功能	含　义	地址	功能	含　义
A	坐标字	绕 X 轴旋转	N	顺序号	程序段顺序号
C	坐标字	绕 Z 轴旋转	O	程序号	FANUC 0i指定的程序号、子程序号
D	补偿号	刀具半径补偿指令	P		暂停时间(ms)或程序中某功能的开始使用的顺序号
E		第二进给功能	Q		固定循环终止段号或固定循环中的定距离
F	进给速度	进给速度指令 SIEMENS数控系统中还表示暂停时间(s)	S	主轴功能	主轴转速指令(r/min)或 SIEMENS数控系统中还表示暂停时间(暂停主轴转数)
G	准备功能	指令动作方式	R	坐标字	固定循环中的定距离或圆弧半径的指定
H	补偿号	补偿号的指定	U	坐标字	与 X 轴平行的附加轴的增量坐标值
I	坐标字	圆弧中心 X 轴向坐标	W	坐标字	与 Z 轴平行的附加轴的增量坐标值
K	坐标字	圆弧中心 Z 轴向坐标	X	坐标字	X 轴的绝对值坐标或暂停时间(s)
L	重复次数	子程序重复次数	Z	坐标字	Z 轴的绝对值坐标
M	辅助功能	机床开/关指令			

四、数控车床编程特点

(1)在一个程序段中,可采用绝对值编程或增量编程方式,也可采用混合编程。自动编程采用绝对值编程。

(2)被加工零件的径向尺寸在图纸上标注或测量时,一般用直径值表示,在编程时也用直径尺寸编程,方便编程。

(3)加工用料的加工余量较大时,为简化编程,数控装置可用固定循环编程。

(4)编程时,将刀具认为是一个点。事实上,车刀刀尖磨成一个小圆弧,为提高加工精度,需要进行刀尖半径补偿。大多数车床具有刀尖半径补偿功能,可直接按工件轮廓编程。

第二节 数控坐标系与编程

数控坐标系分为机床坐标系和工件坐标系(编程坐标系)。

一、机床坐标系与运动方向

规定数控机床坐标轴及运动方向,是为了准确描述机床运动,简化程序的编制,并使所编程序具有互换性。目前,国际标准化组织统一了标准坐标系,我国也颁布了 JB3051－82《数字控制机床坐标和运动方向的命名》标准。

1. 坐标和运动方向命名原则

为了根据图样来确定机床的加工过程,特规定:永远假定刀具相对于静止的工件坐标而运动。

2. 坐标系的规定

为了确定机床的运动方向、移动的距离,要在机床上建立一个坐标系,这个坐标系就是标准坐标系,也叫机床坐标系。

数控机床的坐标系采用右手直角笛卡尔坐标系。大拇指的方向为 X 轴的正方向,食指为 Y 轴的正方向,中指为 Z 轴正方向。

3. 运动方向确定

JB3051－82 规定:机床坐标系的正方向,是通过机床某一部件运动,增大工件和刀具之间距离的方向。

(1)Z 坐标运动

Z 坐标运动由传递切削力的主轴决定,与主轴轴线平行的坐标轴即为 Z 坐标。Z 坐标的正方向为刀具向尾座移动方向。

(2)X 方向运动

X 坐标为水平的且平行于工件装夹面的方向,这是在刀具或工件定位平面内运动的主要坐标。对于车床而言,刀具离开工件旋转中心的方向为 X 轴正方向。

对于数控机床坐标轴方向的确定,首先确定 Z 轴方向,再根据右手笛卡尔坐标系,确定其余轴的方向。对于前置刀架而言,X 轴正方向是刀具向操作者移动方向;对于后置刀架而言,X 轴正方向是刀具远离操作者的移动方向。

二、数控编程中的坐标系

1. 机床坐标系

以机床原点为坐标系原点建立起来的 X 轴、Z 轴直角坐标系,称为机床坐标系。

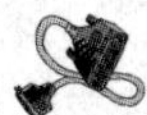

车床的机床原点为主轴旋转中心与卡盘后端面的交点。机床坐标系是制造和调整机床的基础，是设置工件坐标系的基础，不允许随意改动。

2. 参考点

参考点是机床上的一个固定点，其位置由机械挡块或行程开关来确定。以参考点为原点，坐标方向与机床坐标方向相同而建立的坐标系称为参考坐标系。

3. 工件坐标系(编程坐标系)

数控编程时应首先确定工件坐标系和工件原点。零件在设计时有设计基准，在加工时有工艺基准，应尽量使工艺基准与设计基准统一，此统一的基准点称为工件原点。

以工件原点为坐标原点建立起来的 X 轴、Z 轴直角坐标系，称为工件坐标系。当工件原点与编程原点重合时，则工件坐标系也称为编程坐标系。

车床上工件编程原点通常选择在工件的右端面中心处。也可以说，$-Z$ 表示工件的加工长度；X 表示工件的直径值。

三、工件的编程方法

(1)确定工件坐标系及原点。

(2)为使检测方便，尽量采用直径编程。

(3)工件编程时，常用的方法是轮廓编程，编程人员分析被加工件各轮廓特征点在工件坐标系中的位置，按顺序确定各特征点坐标值。

(4)按顺序分析特征点，如两特征点之间是直线连接，则用 G01 表示；如两特征点之间是圆弧连接，则根据圆弧的加工刀具走向判断，顺圆弧用 G02 表示，逆圆弧用 G03 表示，并用 R 表示圆弧半径(SIEMENS 系统用 CR=　表示圆弧半径)。

(5)本书所有例题、习题，一律采用平床身，前置刀架数控车床加工。

(6)本节编程只涉及到工件轮廓和 G 代码，并不涉及加工参数选择及其他功能代码。

注：有关圆弧的方向判断，见本书第六章叙述。

【例 3-1】　确定图 3-2 所示零件的工件坐标系并写出各轮廓点的坐标值，用 G 代码表示出来。

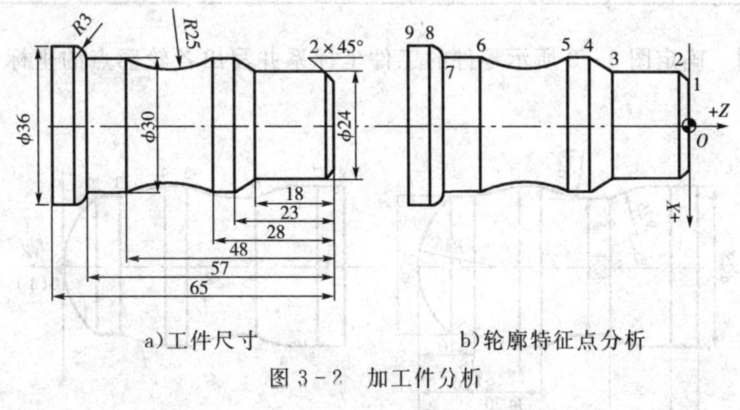

图 3-2　加工件分析

分析

从图 3-2a 中可看出，该工件是一组合体，包含了圆锥、圆弧、外圆等基本形体要素。经过图形分析，可以看出，此工件共有 9 个特征点。为使编程方便，将工件坐标系原点建立在工件右端面中心处，如图 3－2b 所示。对照图 3－2a 所示尺寸，零件各特征点尺寸计算如表3－2所示。

表 3－2　例 3－1 工件特征点坐标值计算

特征点	特征点坐标	特征点	特征点坐标
0	X0 Z0	5	X30 Z－28
1	X20 Z0	6	X30 Z－48 R25
2	X24 Z－2	7	X30 Z－57
3	X24 Z－18	8	X36 Z－60 R3
4	X30 Z－23	9	X36 Z－65

结合图形分析，可得到 0 点～1 点，1 点～2 点，2 点～3 点，3 点～4 点，4 点～5 点是直线连接；5 点～6 点顺圆弧连接；6 点～7 点直线连接；7 点～8 点逆圆弧连接；8 点～9 点直线连接。得到 G 代码如表 3－3 所示。

表 3－3　例 3－1 工件特征点 G 代码表示

特征点	G 代码表示	特征点	特征点坐标
0～1	G01 X20 Z0	5～6	G02 X30 Z－48 R25
1～2	G01 X24 Z－2	6～7	G01 X30 Z－57
2～3	G01 X24 Z－18	7～8	G03 X36 Z－60 R3
3～4	G01 X30 Z－23	8～9	G01 X36 Z－65
4～5	G01 X30 Z－28		

从表 3－3 可看出，0～5 点用的都是 G01 代码；相同 G 代码时特征点的 X24、X30 重复，当代码出现连续重复时，则写在后行的代码可省略不写。现将特征点代码重写如表 3－4 所示。

表 3－4　例 3－1 工件特征点 G 代码重写表示

特征点	G 代码表示	特征点	特征点坐标
0～1	G01 X20 Z0	5～6	G02 X30 Z－48 R25
1～2	X24 Z－2	6～7	G01 Z－57
2～3	Z－18	7～8	G03 X36 Z－60 R3
3～4	X30 Z－23	8～9	G01 Z－65
4～5	Z－28		

【例 3－2】　确定图 3－3 所示零件的工件坐标系并写出各轮廓点的坐标值，用 G 代码表示出来。

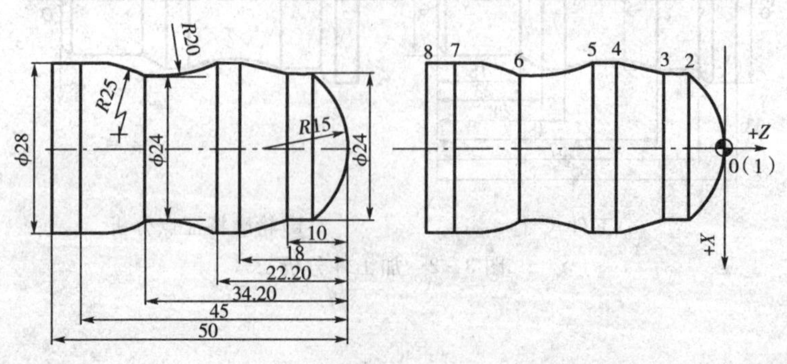

a) 工件尺寸　　b) 轮廓特征点分析

图 3－3　加工件分析

分析

从图 3-3a 中可看出,该工件是一组合体,包含了圆锥、圆球、圆弧、外圆等基本形体要素。经过图形分析,可以看出,此工件共有 8 个特征点。为使编程方便,将工件坐标系原点建立在工件右端面中心处,如图 3-2b 所示。对照图 3-2a 所示尺寸,零件各特征点尺寸计算如表 3-5 所示。

表 3-5 例 3-2 工件特征点坐标值计算

特征点	特征点坐标	特征点	特征点坐标
0(1)	X0 Z0	5	X28 Z-22.2
2	X24 Z-6 R15	6	X24 Z-34.2 R20
3	X24 Z-10	7	X28 Z-45 R25
4	X28 Z-18	8	X28 Z-50

结合图形分析,可得到 0 点和 1 点重合;1 点～2 点逆圆弧连接;2 点～3 点,3 点～4 点,4 点～5 点是直线连接;5 点～6 点顺圆弧连接;6 点～7 点逆圆弧连接;7 点～8 点直线连接。得到 G 代码如表 3-6 所示。

表 3-6 例 3-2 工件特征点 G 代码表示

特征点	特征点坐标	特征点	特征点坐标
0～1	G01 X0 Z0	4～5	G01 X28 Z-22.2
1～2	G03 X24 Z-6 R15	5～6	G02 X24 Z-34.2 R20
2～3	G01 X24 Z-10	6～7	G03 X28 Z-45 R25
3～4	G01 X28 Z-18	7～8	G01 X28 Z-50

从表 3-3 可看出,2～5 点用的都是 G01 代码;相同 G 代码时特征点的 X28 重复,则写在后行的代码可省略不写。现将特征点代码重写如表 3-7 所示。

表 3-7 例 3-2 工件特征点 G 代码重写表示

特征点	特征点坐标	特征点	特征点坐标
0～1	G01 X0 Z0	4～5	Z-22.2
1～2	G03 X24 Z-6 R15	5～6	G02 X24 Z-34.2 R20
2～3	G01 X24 Z-10	6～7	G03 X28 Z-45 R25
3～4	X28 Z-18	7～8	G01 X28 Z-50

从上面两个例题分析可看出:

(1)编程坐标系原点建立在工件右端面中心处,其纵向坐标轴为 *Z* 轴,工件在 *Z* 轴的负方向,因此编程时注意工件的加工长度用-*Z* 表示;其横向坐标轴为 *X* 轴,*X* 后跟工件直径值。

(2)特征点的坐标值计算。例 3-1 中的 2×45°倒角特征点 *Z* 值为-2,例 3-2 中的 *R*15 圆球的弦高通过计算为 6mm(计算公式见第五章),则特征点 *Z* 坐标值为-6。

(3)当特征点的连接一致时,可以用一个 G 代码表示;但连接形状不一致时,一定要写上相应的 G 代码。圆弧中的 *X*、*Z* 坐标值不能省写。

(4)轮廓特征点的排列顺序从右向左排,不可逾越,否则加工会出错。

(5)所有坐标点的尺寸都是以工件坐标原点为测量基准得到的，这样的尺寸标注称为绝对值尺寸，编程时称为绝对值编程。

思考与练习

建立下图所示加工件的工件坐标系和特征点坐标值，并用 G 代码表示。

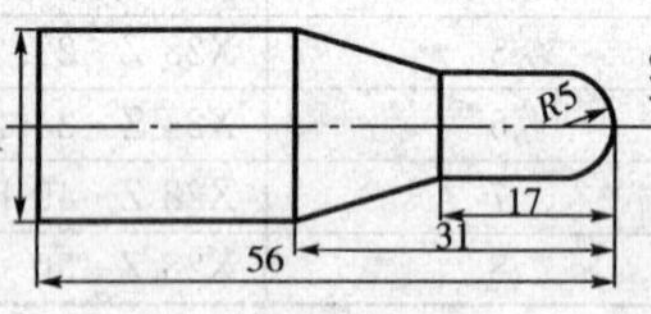

(1) 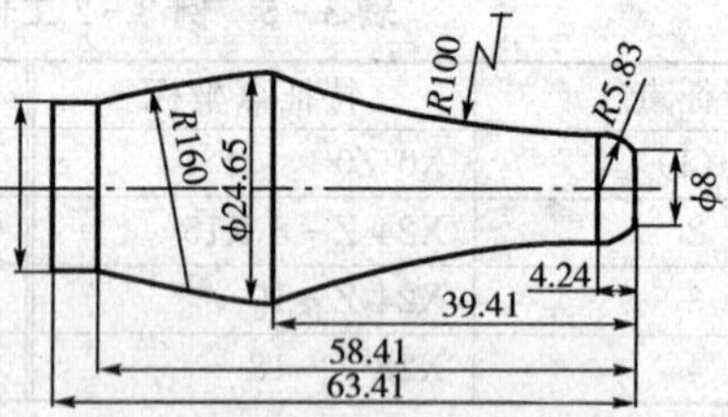　　(2)

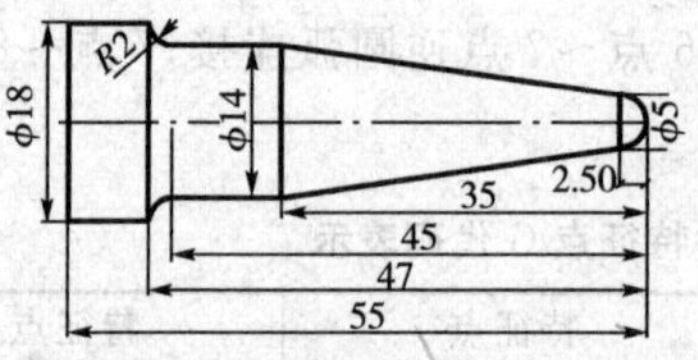

(3) 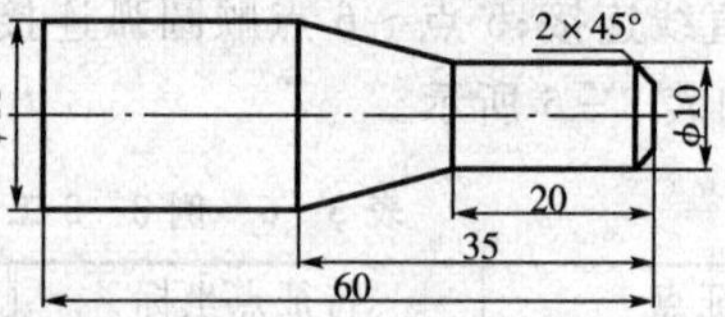　　(4)

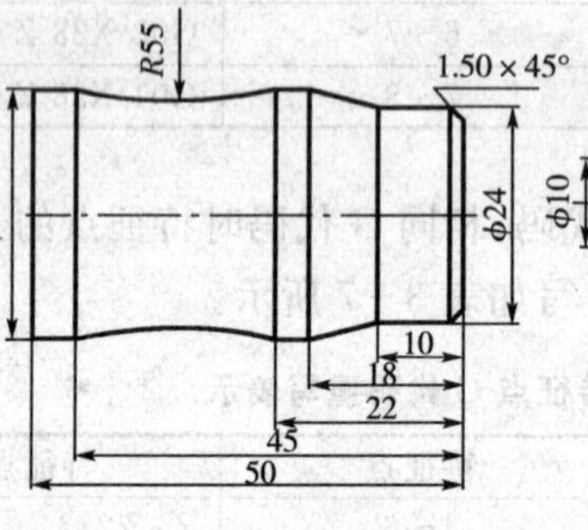

(5) 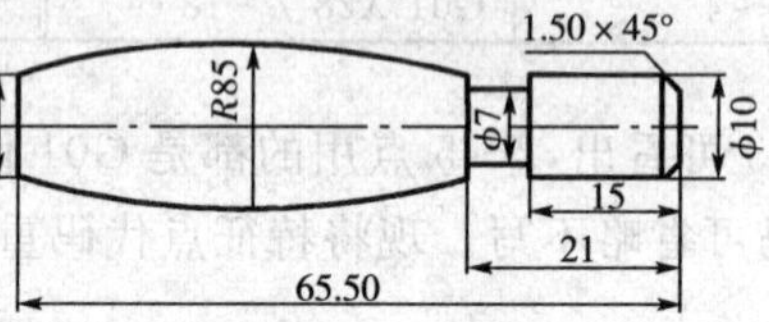　　(6)

第四章 端面与外圆加工

端面和外圆加工是所有回转体工件在加工时必须要加工的要素。同时，外圆和端面也作为工件的测量基准存在。

【例 4-1】加工图 4-1 所示工件。已知毛坯直径ϕ30mm，45 钢。

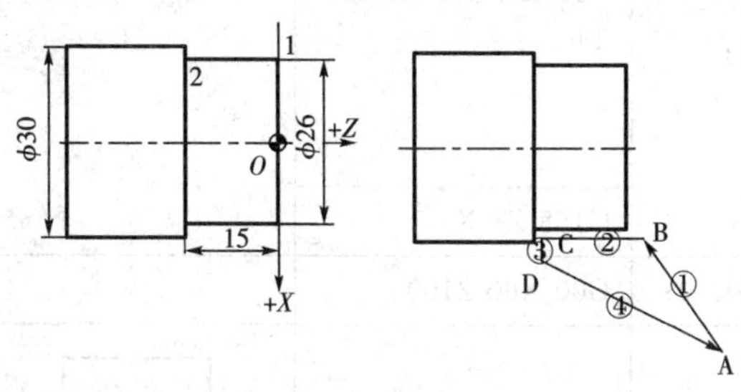

图 4-1 加工件

加工工艺分析

此工件是一ϕ26×15 的台阶。加工余量不大(背吃刀量 2mm)，可用外圆刀一次加工完成。由于被加工件没有技术要求，由附录 2 确定其加工主轴转速 S 为 600r/min，进给速度 f 为 0.15mm/r(80mm/min)。

为使编程方便，取工件右端面中心处作为编程坐标系原点，如图 4-1 所示。

加工步骤分析

此工件加工可分以下几个步骤：

(1) 刀具快速从换刀点 A 移动到工件切入点 B。切入点与毛坯要有一段距离，防止刀具猛然和工件接触，将刀具损坏。确定换刀点的坐标位置时，应能使刀具在进行换刀时不致造成刀具和毛坯碰撞。

(2) 以给定的加工速度加工端面。

(3) 刀具回到外圆切入点，加工外圆。

(4) 横向退刀。

(5) 快速回换刀点，程序结束。

加工用工具

(1) 刀具

一般采用标准机夹刀具，刀具的角度均已规定好，刀具材料也能满足工件加工。如无标准机夹刀具，也可采用焊接刀具，手工刃磨至适当角度后进行加工。本题中刀具为 T01 号。

(2) 夹具

此工件较短，加工中可以采用外圆定位，用三爪自定心卡盘装夹即可进行加工。

(3) 量具

一般精度用游标卡尺测量即可，精度要求较高时，采用千分尺测量。

编制程序（见表 4－1，仅供参考）

表 4－1　例 4－1 工件加工程序

行号	FANUC 加工程序	SIEMENS802s/c 加工程序	加工图形	注　释
	O4001	SK4001		程序名
N001	M03 S600 T01；	G54 G94 G90 M3 S600 T1		选用 1 号刀，启动主轴，主轴转速 $S=600$r/min。FANUC 系统采用 mm/r 进给。SIEMENS802s/c 系统采用 mm/min 进给（G94）
N002		G158 Z_ X_		原点偏移
N005	G00 X60.0 Z100.0；	G00 X60 Z100		快速到换刀点 A
N010	X32.0 Z0；	X32 Z0		快速到端面切入点。此时刀具和毛坯不接触，保证刀具安全
N015	G01 X0 F0.15；	G01 X0 F60		以 0.15mm/r（或 60mm/min）速度加工端面，也就是坐标原点 X0Z0
N020	X26.0；	X26		退刀至外圆切入点，也就是特征点 1 的坐标 X26Z0
N025	Z－15.0；	Z－15		加工外圆，也就是特征点 2 的坐标 X26 Z－15
N030	X32.0；	X32		横向退刀
N035	G00 X60.0 Z100.0；	G00 X60 Z100		快速回换刀点
N040	M30；	M05		主轴停转
		M02		程序结束

【例 4-2】加工如图 4-2 所示工件。已知毛坯直径ϕ28mm，45 钢。

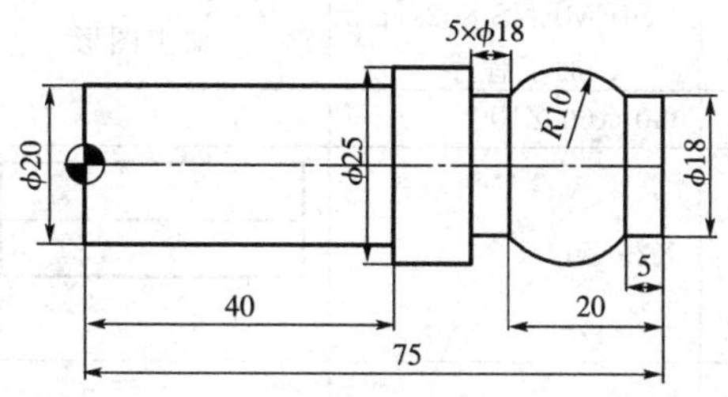

图 4-2 阶梯件加工

加工工艺分析

此工件是一阶梯件，尺寸在ϕ25 处最大，其两侧尺寸减小。一般情况下加工中不采用一次装夹完成工件加工，分两次装夹。该工件右侧ϕ18mm 尺寸相对左侧而言，长度较短，且外形是圆弧状，不宜装夹。因此工件第一次装夹时，应装夹在工件右侧，毛坯伸出约 60mm 左右，加工工件左侧ϕ20×40 以及ϕ25 部分；然后再掉头装夹ϕ20 部分，加工工件右侧轮廓（有关圆弧编程知识见第六章）。

由于被加工件无技术要求，由附录 2 选择加工速度 70m/min，转换成转速 S=600r/min，进给速度 f=0.15mm/r(80mm/min)，背吃刀量 a_p=2mm。

为使编程与加工方便，取工件的右端面中心处作为编程坐标系原点。

加工用工具

(1) 刀具

一般采用标准机夹刀具，刀具的角度已规定，刀具材料也能满足工件加工。如无标准机夹刀具，也可采用焊接刀具，手工刃磨至适当角度后进行加工。但注意加工中的切削参数要适当减小。本题中外圆刀具为 T01。

(2) 夹具

工件较短，加工中可采用外圆定位，用三爪自定心卡盘装夹即可进行加工。

(3) 量具

一般精度用游标卡尺测量即可。

编制程序（见表 4-2，仅供参考）

表 4-2 例 4-2 工件加工程序

行号	FANUC 加工程序	SIEMENS 802s/c 加工程序	加工图形	注 释
	O4002	SK4002		程序名
N005	T01 M03 S600	G54 G94 G90 M3 S600 T1		选用 1 号刀，启动主轴，主轴转速 S=600r/min。FANUC 系统采用 mm/r 进给。SIEMENS802s/c 系统采用 mm/min 进给(G94)
N006		G158 Z_ X_		原点偏移

（续表）

行号	FANUC加工程序	SIEMENS 802s/c 加工程序	加工图形	注　释
N010	G00 X60.0 Z100.0；	G0 X60 Z100		
N015	X29.0 Z0；	X29 Z0		刀具快速移动到零件端面处
N020	G01 X0 F0.1；	G1 X0 F80		加工端面
N025	Z1.0；	Z1		纵向退出刀具防止刀具将端面拉毛
N030	G00 X25.0；	G0 X25		刀具快速移动到零件外圆加工尺寸位置
N035	G01 Z-45.0；	G1 Z-45	φ28 45 φ25	加工长45mm外圆
N040	G00 X26.0 Z2.0；	G0 X26 Z2	φ28 45 φ25	刀具回工件端面为第二次加工作准备
N045	X20.0；	X20		刀具移到第二次加工零件直径处
N050	G01 Z-40.0	G1 Z-40	45 φ20	加工外圆
N055	X26.0；	X26		横向退刀
N060	G00 X60.0 Z100.0；	G0 X60 Z100		快速回换刀点
N065	M30；	M5		主轴停转
		M2		程序结束
	O7003	SK7003		掉头装夹，加工工件右侧圆弧
			程序见第七章例7-3	

编程疑难点

(1) 程序的输入、结束与加工进给。

FANUC 数控系统：

① 在 FANUC 数控系统中，采用小数点编程，也就是每行程序段中的地址字后的数值必须加上小数点，否则数据将会出错，影响工件加工，严重会导致刀具和工件碰撞，造成设备或刀具不必要的损坏。

例如：工件直径 20mm，长度 45mm，应写成 X32.0Z45.0。如果写成 X32Z45，则系统会认为直径尺寸为 32μm，长度尺寸为 45μm。

② FANUC 数控系统中，程序段结束用“;”表示。

③ FANUC 数控系统中，默认加工进给单位是 mm/r。

④ FANUC 数控系统中，程序结束代码为 M30。

SIEMENS802s/c 数控系统：

① SIEMENS802s/c 数控系统中，一般用 G158 来进行数控原点偏移，其后的 Z 值为工件实际伸出长度，其值一定大于零，不能写成负数。其后的 X 数值一般为 0。

在实际加工中，G158Z 后的数值都要进行圆整处理，便于工件端面加工。例如：毛坯伸出 98.4mm 长，则写成 G158Z98。这样当程序执行到 Z0 时，刀具将会在毛坯端面车去 0.4mm 端面余量。

② SIEMENS802s/c 数控系统中，回车就可将本行程序段结束。

③ SIEMENS802s/c 数控系统中，程序结束代码为 M5 和 M2，也可用 M30 结束。

④ 如果采用零点测定法对刀，由于在对刀过程中就已经切削过端面，且切削处工件长度被设置为 Z0，则在编程时，不需要 G158 进行原点偏置，程序中也无需加工端面的程序。

(2) 在进行坐标值编程时，两种系统都默认为绝对值编程。所谓绝对值编程，就是工件的尺寸全部以坐标系原点为测量基准得到的。

如果编程时采用增量编程(相对值编程)，就要用不同的代码字母进行区分。所谓增量编程，就是工件的后续尺寸都是相对于前一尺寸测量而来的。

在 SIEMENS802s/c 数控系统中，用 G91 表示增量编程，程序段中的所有坐标值都是相对于前一坐标值而来，直到被 G90 代码取消(G90 表示绝对值编程，在程序段中可以不写)，恢复绝对值编程。

在 FANUC 数控系统中，可以用地址码 U 表示 X 方向的增量；W 表示 Z 方向的增量。

(3)当工件加工余量较大时，要将工件加工次数合理分配。特别注意，第一刀加工完成进行第二刀加工时，刀具退到工件端面刀具切入位置处即可，不需要回到换刀点再进行加工。

(4)所有工件的加工，实质就是刀具在轮廓特征点的移动，要算好特征点的坐标值以及特征点之间的连接方式。

(5)进给速度 F 是有效值。程序在加工中，只要设定了 F 值，其值就一直有效，直到被另外一个 F 值取代为止。因此，在编制程序时，要注意对 F 值的设置。

(6)刀具在进行加工时(刀具和工件接触)，用设定的进给速度 F 和 G01 代码表示。当刀具和工件不接触时，为减少辅助时间，用 G00 来移动刀具。

G01X_Z_F_表示刀具以给定的的加工进给速度(F_)移到的下一坐标位置。以直线插补方式进行。

G00X_Z_后的 X_Z_表示刀具以非插补方式移动到的下一坐标位置尺寸。

G00 速度由数控系统、生产厂家设定，机床操作人员不能更改，其速度比较大，一般都在2000mm/min 以上；G01 速度是操作人员根据工件的直径、材质、加工精度以及生产方式确定的，在加工程序段中，可随时写入。

G00 和 G01 所表示的速度都是模态有效，在加工程序中，只要是在程序开始部分写入，如果后续程序中没有相应的 G 代码更换，则程序一直以当前的 G 代码功能运行，很可能使刀具快速和工件碰撞，使刀具、工件损坏，严重时将会导致数控刀架损坏。

思考与练习

加工下图工件，毛坯直径φ30mm，45 钢。

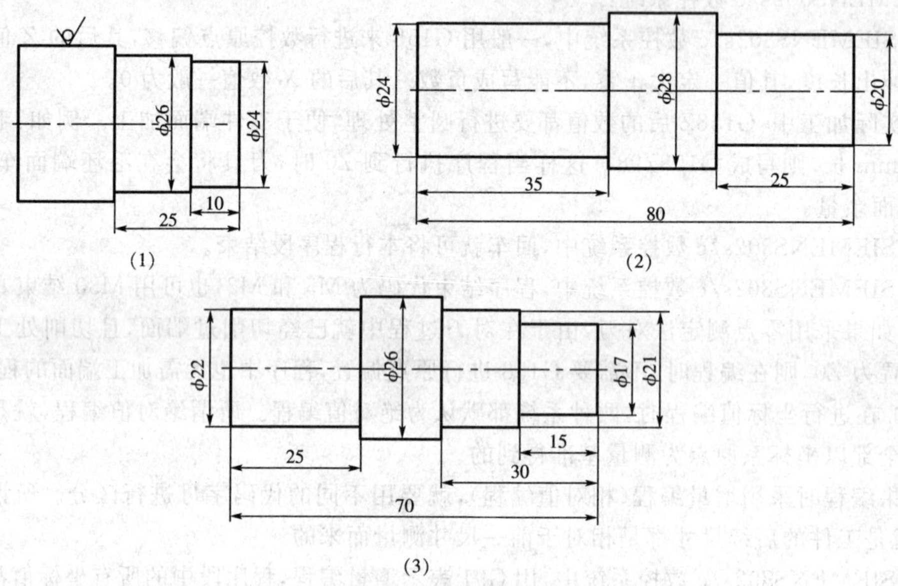

第五章　圆锥加工

锥面是车削零件上常见的形状要素,常用的圆锥有米制圆锥和莫氏圆锥两种。圆锥在实际生产中,一般起到配合、过渡、导引等作用。圆锥有正圆锥和反圆锥两类。熟练掌握圆锥的编程和操作,是车削加工的基本要求。

【例 5-1】编制图 5-1 所示的零件加工程序。毛坯直径ϕ32mm,45 钢。

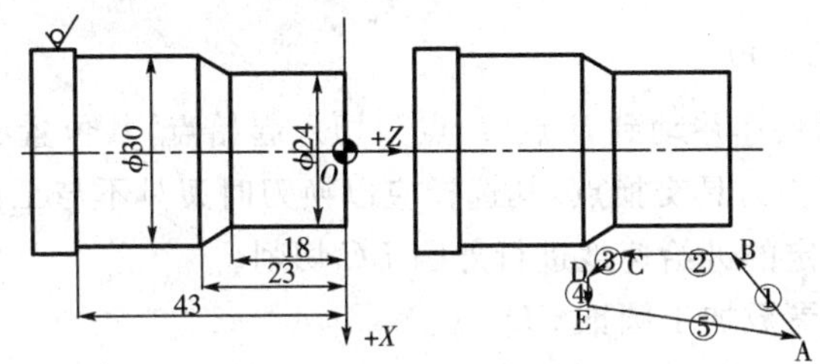

图 5-1　加工工件尺寸图与加工步骤轨迹图

加工工艺分析

锥面的加工,需要合理设置加工参数,根据附录加工参数选择表,选择加工转速 S 为 800r/min 左右,进给量设置为 0.3mm/r(F100mm/min)左右,背吃刀量 2mm。由工件尺寸分析可知,直径ϕ30 外圆部分加工余量较小,可以一刀加工完成;圆锥小端尺寸加工余量较大($\frac{32-24}{2}=4$mm),分两刀加工完成,第一刀将圆锥小端尺寸加工到直径ϕ28mm,第二刀加工到圆锥小端尺寸ϕ24mm,并完成圆锥加工。

为使加工与编程方便,将工件的右端面中心处作为工件编程原点。

加工重难点分析

圆锥具有两端尺寸大小不一,在锥面加工时由于需要在 X 和 Z 两个方向上都有刀具的切削运动,因此数控机床上加工圆锥的实质是:外径和长度同时变化、同时加工。加工中既要保证圆锥大小端尺寸变化又要保证锥长 Z 的变化。

在数控机床上加工圆锥的方法:相似法加工和直接法加工(如图 5-2 所示)。

直接法加工不需要计算每一刀的 Z 坐标,缺点是每次切削的深度都随着 Z 的坐标变化而变化。

相似法加工就是在加工过程中刀具的走刀路线和圆锥角度一致,在加工中要计算每一刀的锥长中 Z,计算烦琐,其优点是每一刀的切削深度都相同。

如图 5-2 中加工圆锥 AB,考虑 AB 两点尺寸相差大,要加工三刀完成。

直接法加工时,根据刀具背吃刀量 a_p,第一刀加工 CB 圆锥,退刀加工第二刀圆锥 DB,退刀最后加工圆锥 AB,完成圆锥加工。每次加工时的锥长 Z 没有变化,但刀具每次的背吃刀量在加工中由深逐渐变浅,是变化的。

相似法加工时,根据刀具背吃刀量 a_p,第一刀加工 EF 圆锥,退刀加工第二刀圆锥 GH,退刀最后加工圆锥 AB,完成圆锥加工。通过计算,可以使刀具路径 EF、GH 和圆锥素线

AB 平行，保证每次加工过程中的背吃刀量一致，保护了刀具。但每次加工时的锥长 Z 都是变化的。

在生产中，为便于编程，常采用直接加工方法。

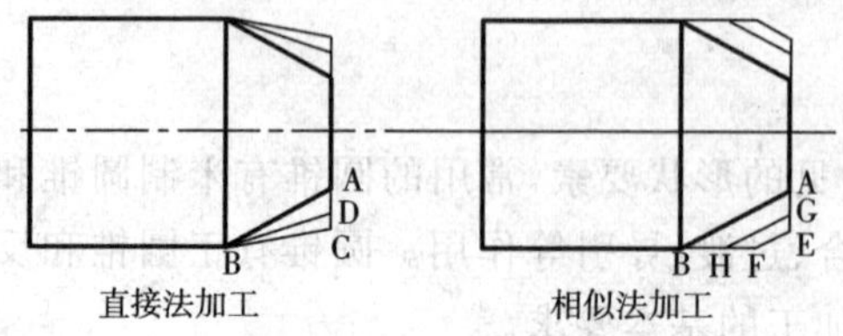

图 5-2　外圆锥加工方法

加工步骤分析（图 5-1）

(1) 刀具从 A 点以快速移动到 B 点，B 点为切入起始点，其位置必须在工件以外，否则将发生刀具碰撞。A 点为刀具交换点，其选择应以换刀时刀具不与工件发生碰撞为准。

(2) 刀具开始以给定的进给速度进行外圆 BC 切削。

(3) 以合理的加工参数加工圆锥 CD。

(3) 横向退刀至 E 点，以 G1 方式进行退刀

(4) 以 G0 指令返回换刀点 A，准备下一次的加工，直至工件加工完成。

加工用工具

(1) 刀具

加工锥面所用的刀具和外圆刀区别不大，只要其副后偏角不会与工件产生干涉即可，一般采用标准机夹刀具，刀具的角度均已规定好，刀具材料也能满足工件加工。

如无标准机夹刀具，也可采用焊接刀具，手工刃磨至适当角度后进行加工。

(2) 夹具

此工件较短，加工中可以采用外圆定位，用三爪自定心卡盘即可进行加工。

(3) 量具

量具，锥面的测量在精度要求不高的情况下，一般采用万能角度尺，当对锥面的形状和尺寸均有要求的时候需要用标准锥套进行研合检测。

程序编制（见表 5-1，仅供参考）

表 5-1　例 5-1 工件加工程序

行号	FANUC 加工程序	SIEMENS802s/c 加工程序	加工图形	注　释
	O5001	SK5001		程序名
N005	T01 S800 M03;	G54 G90 G94 M03 S800 T1		选用 1 号刀，启动主轴，主轴转速 S 为 600r/min。FANUC 系统采用 mm/r 进给。SIEMENS802s/c 系统采用 mm/min 进给(G94)
N006		G158 Z_ X_		原点偏移

（续表）

行号	FANUC 加工程序	SIEMENS802s/c 加工程序	加工图形	注　释
N010	G00 X60.0 Z100.0	G0 X60 Z100		刀具快速移到 A 点位（即换刀点）
N015	X35.0 Z2.0；	X35 Z2		接近工件
N020	Z0；	Z0		以 0.1mm/r 进给速度加工端面
N025	G01 X0 F0.1；	G1 X0 F50		
N030	Z1.0；	Z1		刀具纵向让刀
N035	G00 X28.0；	G0 X28		快速退刀至刀具切入点
N040	G01 Z－18.0；	G1 Z－18 F80		第一次加工外圆
N045	X32.0 Z－23.0；	X32 Z－23		第一次加工圆锥
N050	G00 Z1.0；	G0 Z1		快速退刀到刀具切入点，为工件第二次加工做准备
N055	X24.0；	X24		

（续表）

行号	FANUC 加工程序	SIEMENS802s/c 加工程序	加工图形	注　释
N060	G01 Z-18.0；	G1 Z-18	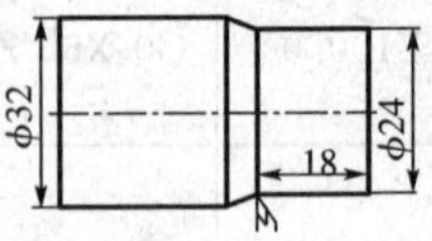	第二次加工外圆
N065	X30.0 Z-23.0；	X30 Z-23	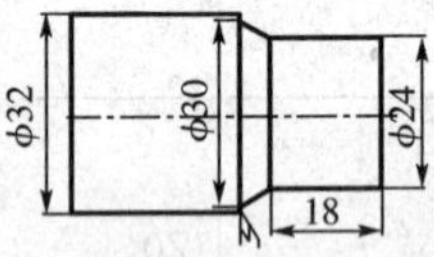	第二次加工圆锥
N070	Z-43.0；	Z-43	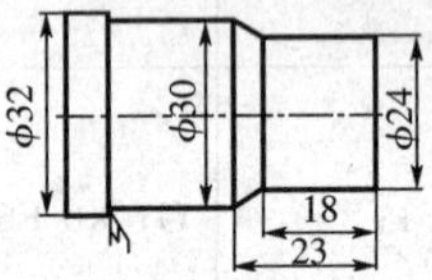	加工外圆至工件切断处
N075	X35.0；	X35	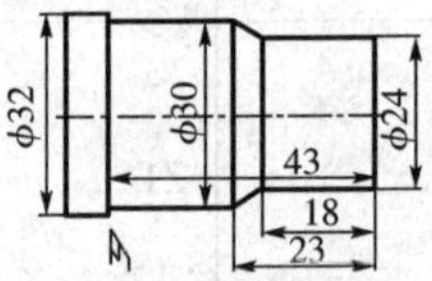	横向退刀，保证此处台阶的角度
N080	G00 X60.0 Z100.0；	G00 X60 Z100		快速回换刀点
N085	M30；	M5		主轴停转
N090		M2		程序结束

编程疑难点

（1）圆锥加工中，只要保证了圆锥大小端尺寸和圆锥长度，就可以保证圆锥锥角。在圆锥编程中，特别注意圆锥小端位置、大端位置以及锥长的尺寸。因此在圆锥编程时，圆锥加工编程写两行：第一行，圆锥小端位置尺寸 X_Z_；第二行，圆锥大端位置尺寸 X_Z_。如上例中的 N0035 和 N040 两句，表明圆锥小端位置尺寸 X28 Z-18。N045 句表明圆锥大端位置尺寸 X32 Z-23。锥长 $L=|-23|-|-18|=5$mm。

（2）FANUC 系统中，常采用小数点进行编程，在编程时注意小数点的输入。X30.0 与 X30 的差别很大，X30.0 表示工件直径 30mm，X30 表示工件直径 30μm，如不注小数点，将会使刀具与工件碰撞或造成工件尺寸不合格。

（3）在进给参数设置上，FANUC 系统中，开机默认进给单位是 mm / r。在编程中给定进给速度 F××时，要注意 F××数值输入，不要弄错、混淆。否则刀具的进给速度将会发生变化，严重的将会造成刀具碰撞工件、设备，造成不必要的损失。

（4）回转体工件在端面、拐角处，经常需要进行倒角、去毛刺处理。倒角就其本质而言，实质也是圆锥加工。

（5）编制程序加工时，可以采用绝对值编程，也可采用增量编程。本例中采用的是绝对

值编程方式。

(6) 加工端面结束时，不要将刀具沿端面直接退出，防止刀具将已加工好的端面拉毛，影响表面粗糙度。台阶处加工好以后，不要斜向退刀，采用横向退刀，将台阶进行清角，保证台阶的角度(90°)。

(7) 关于圆弧锥度计算问题。

在有的工件图中，对圆锥工件并不直接给出圆锥大小端尺寸，而是仅给出圆锥锥度 $C(1:\times)$ 和一端尺寸，这时在加工编程中，要合理计算出圆锥另一端尺寸。计算公式如下：

$$C=\frac{D-d}{L}$$

式中：D 表示圆锥大端尺寸，d 表示圆锥小端尺寸，L 表示圆锥锥长，C 表示圆锥锥度。

工件加工操作步骤

(1) 启动机床，系统上电。

(2) 机床回零。

(3) 装夹刀具和毛坯。

(4) 对加工用刀具进行对刀。

(5) 输入程序。

(6) 进行图形模拟检验程序的正确性(根据不同系统配置，有的数控系统没有图形模拟功能，可进行数控软件仿真模拟)。

(7) 单段、自动运行程序。

锥面加工的疑难点

(1) 刀具的对刀参数界面操作要正确。

(2) 输入对刀参数值要注意刀具号的准确性。

(3) 量具读数要准确。

(4) 图形模拟时，检查刀具的运行轨迹是否符合工件形状。

(5) 加工中的安全注意事项。

思考与练习

加工如下图所示工件。已知毛坯直径 50mm，45 钢。

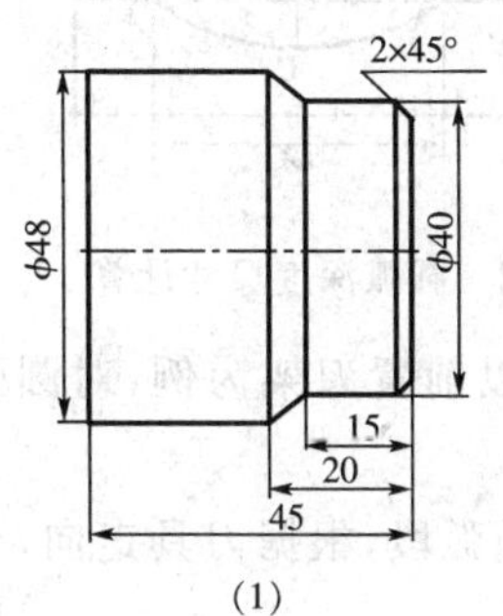

(1)

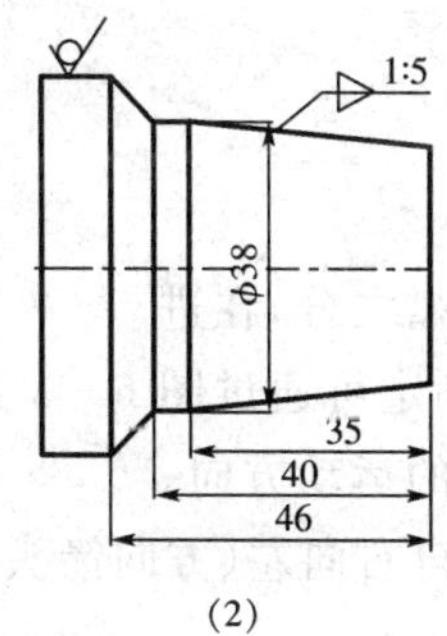

(2)

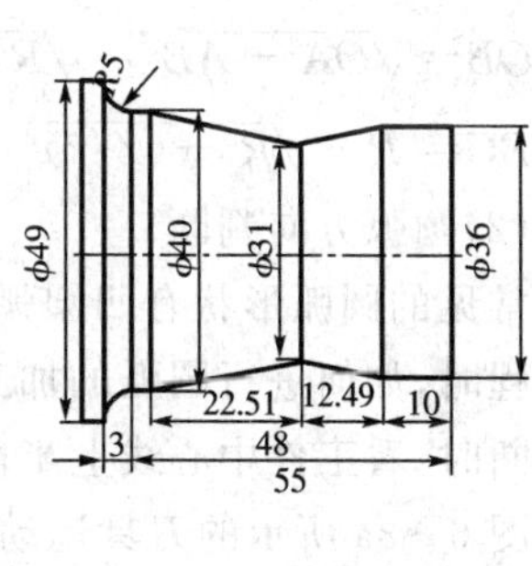

(3)

第六章　凹圆弧加工

圆弧是形体的一种常见连接方式，是工件的常见结构形式，一般起尺寸过渡、美观等作用。

【例 6-1】编制图 6-1 所示凹圆弧件加工程序。已知毛坯尺寸ϕ32mm×50，45 钢。

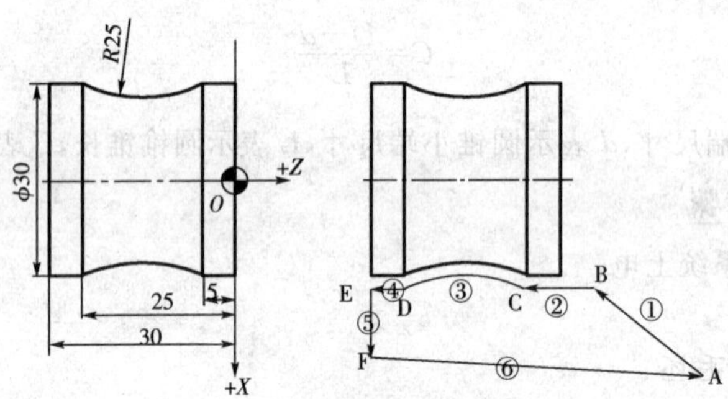

图 6-1　零件尺寸及图形

加工工艺分析

圆弧加工，和前面所述的外圆以及圆锥加工过程是不相同的。圆弧加工时，其 X、Z 方向的尺寸是同时变化的。一般在选择圆弧加工时，为保证加工精度，将加工转速选择在 S600r/min～S800r/min 之间，进给值 f 选在 0.05mm/r～0.15mm/r(40mm/min～100mm/min)之间。每次刀具切削深度 a_p 为 1.5mm～2mm(切削用量的选择见附表 2)。

取工件的右端面的中心为工件坐标系的原点(如图 6-1 所示)。

工艺难点分析

(1)圆弧深度计算

凹圆弧加工中，由于受切削深度的影响，当圆弧深度较大时，要考虑工件的加工次数。同时，圆弧较深，加工过程中，很容易造成刀具副偏角与圆弧已加工面的干涉问题。

圆弧深度计算(如图 6-2 所示)：

圆弧深度 $BC=OC-OB=R-OB$

$OB=\sqrt{OA^2-AB^2}=\sqrt{R^2-(Z/2)^2}$

$BC=R-\sqrt{R^2-(Z/2)^2}$

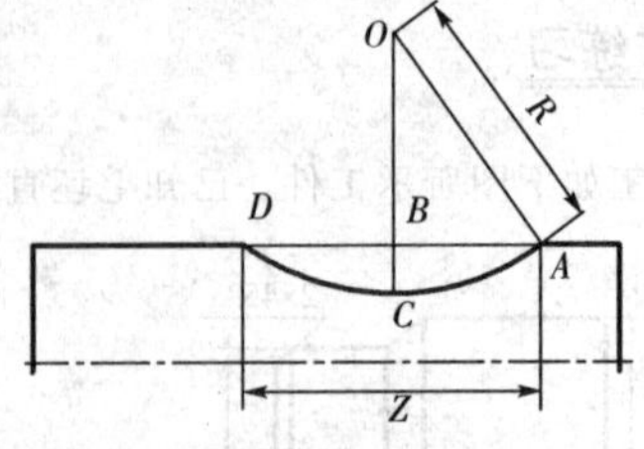

图 6-2　圆弧深度尺寸计算

(2)圆弧方向判断

常见的圆弧形状有凹圆弧和凸圆弧之分，在进行编程时，如何进行圆弧的加工方向判定可通过图 6-3 进行。以前置刀架为例，对圆弧方向判断时，看工件中心线上半段，刀具的运动方向。

图 6-3a 所示的刀具运动方向为自右向左(方向箭头)。在圆弧段，根据刀具走向，很容易判断出此圆弧是顺时针圆弧。

图 6-3b 所示的刀具运动方向为自左向右(方向箭头)。在圆弧段，根据刀具走向，很容

易判断出此圆弧是逆时针圆弧。

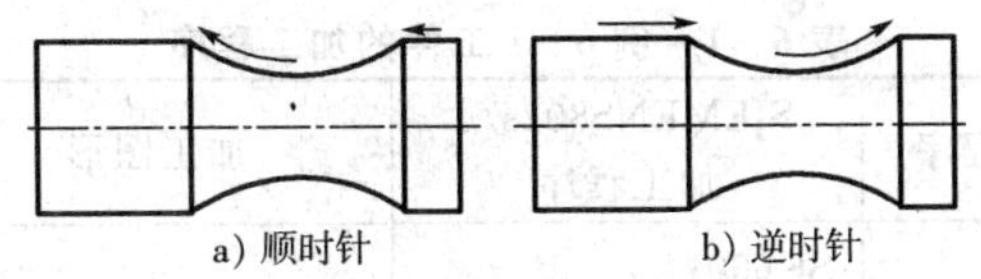

图 6-3 圆弧方向判断

从图中可以看出,即使是同一形状圆弧,由于加工方向不同,所得到的结论是不同的。

后置刀架的圆弧方向判断和前置刀架圆弧方向判断相反。

加工步骤分析

通过对零件毛坯尺寸以及尺寸分析计算,此零件的加工余量不大,加之零件并没有精度要求,在加工中可以考虑一次将余量全部切除,完成工件的加工。为使加工程序优化以及工件加工的连续性,编程时将整个加工过程分为六个步骤。

(1) 刀具快速(G0 速度)从 A 点移动到 B 点。

A 点可以表示为数控机床的参考点或者是操作者规定的刀具换刀点。A 点和工件右端面的位置必须满足换刀时不影响刀具的转换,不碰撞工件。

B 点可以看作是刀具加工工件的切入点。B 点和工件右端面必须有一安全距离,防止刀具以 G0 速度和工件碰撞,造成不必要的损失。

(2) 刀具以给定的进给速度(G1 F××)加工 B 点到 C 点尺寸。

编程时注意 C 点的 Z 值,它表示了工件该段的实际长度,是一负值。

(3) 刀具加工 C 点到 D 点段的圆弧。

注意圆弧编程格式及坐标值的给定方式。此时圆弧加工仍按 F××速度进行加工。

(4) 刀具直线加工 D 点到 E 点尺寸。

编程时注意代码的变换,但 F××有效。

(5) 刀具进行横向退刀至 F 点。

(6) 刀具快速移动到 A 点。

完成以上六个步骤,此工件的形状加工完毕。

加工用工具

(1) 刀具

考虑数控机床的刀具耐用度以及加工零件的一致性,一般采用标准机夹刀具(Kr93°),刀具的主负偏角都已规定好,刀片材料也能满足工件加工,方便加工,减少加工辅助时间。如无标准机夹刀具,也可采用焊接刀具(主偏角 $k_r 90°$)进行工件加工。

(2) 夹具

由于工件是一个实心轴,轴的长度比较短,故采用工件的左端面和$\phi 30$ 的外圆作为定位基准。使用普通三爪自定心卡盘夹紧工件。

(3) 量具

精度不高时采用 150×0.2mm 游标卡尺测量;精度较高时,使用相应量程的千分尺测量。

程序编制(见表 6-1,仅供参考)

表 6-1 例 6-1 工件的加工程序

行号	FANUC 加工程序	SIEMENS802s/c 加工程序	加工图形	注　释
	O6001	SK6001		程序名
N005	M03 S600 T0101	G54 G90 G94 M3 S600 T1		调用 1 号刀具,顺时针转速 600r/min
N006		G158 Z_ X_		原点偏移
N010	G00 X50.0 Z100.0;	G0 X50 Z100		刀具快速移动至固定点,即 6-1 图中的 A 点
N015	G00 X35.0 Z0;	G0 X35 Z0		刀具快速移动至工件端面处,有一安全距离
N020	G01 X0 F0.1	G1 X0 F60		加工端面
N025	Z1.0;	Z1		纵向让刀
N030	G00 X30.0;	G0 X30		刀具移动到工件切入点,也就是图 6-3 中的 *B* 点
N035	G01 Z-5.0;	G1 Z-5		加工 φ30mm 外圆
N040	G02 X30.0 Z-25.0 R25.0;	G2 X30 Z-25 CR=25		加工 *R*25 圆弧
N045	G01 Z-30.0;	G1 Z-30		继续直线加工
N050	X35.0;	X35		在 Z-30 处横向退刀
N055	G00 X50.0 Z100.0;	G0 X50 Z100		快速移动刀具,也就是图 6-1 中的 *A* 点
N060	M30	M5		主轴停转
N065		M2		程序结束

【**例6-2**】编制图6-4所示工件加工程序。已知毛坯直径ϕ40mm,45钢。

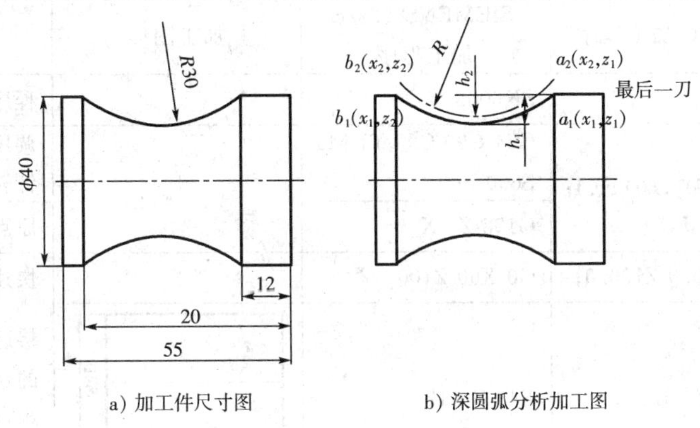

a) 加工件尺寸图　　b) 深圆弧分析加工图

图6-4 加工工件

加工工艺分析

此图形看上去加工较为简单,但分析一下圆弧深度,通过圆弧深度计算公式可算出圆弧深度为6.78mm,加工中圆弧不能一刀加工出来,要分为两至三刀才可进行加工。而圆弧两侧的外圆直径为40mm,属不加工尺寸。

对于较深圆弧的加工,可以通过图6-4b图进行分析编程加工。我们将工件分两刀进行加工分析。通过对圆弧起点坐标以及圆弧终点坐标在两次加工情况下的坐标分析(在加工圆弧半径不变的情况下),第一刀加工,圆弧起点坐标为$a_2(x_2,z_1)$,圆弧终点坐标为$b_2(x_2,z_2)$,圆弧半径R;第二刀加工,圆弧起点坐标为$a_1(x_1,z_1)$,圆弧终点坐标为$b_1(x_1,z_2)$,圆弧半径R。这时我们发现,两刀圆弧加工的起点坐标以及圆弧终点坐标X值发生变化,而Z值没有变化。第一刀加工圆弧时,所加工圆弧深度h_2(以工件外圆为测量基准)小于第二刀圆弧加工深度h_1,就等于把深度圆弧分次加工了,减低了切削深度(背吃刀量),方便了加工。也就是说,当圆弧半径不变时,圆弧起点坐标X值越大,在相同测量基准下,其加工的圆弧深度相应减小。在编程时要注意第一刀加工时的X坐标值。

工件加工时,根据附录2选择加工参数如下:主轴转速S为600r/min,进给速度f为0.15mm/r,背吃刀量为2mm。可见,此圆弧加工时分三刀才能加工好。将第一刀直径定为46mm,第二刀直径42mm,最后一刀和工件尺寸重合。

为保证工件加工编程方便,将编程原点设置在工件右端面的中心处。

加工用工具

(1) 刀具

该圆弧较深,加工中的最大问题就是刀具副后刀面与圆弧在加工中的干涉问题。解决方法:采用标准菱形刀具或将硬质合金刀具副偏角刃磨到加工要求。本题中外圆加工刀具T01。

(2) 夹具

该工件较短,加工中用毛坯外圆定位即可。采用一般三爪自动定心卡盘装夹工件。

(3) 量具

精度不高,直接用圆弧样板检测。

编制程序(见表6-2,仅供参考)

表 6-2 例 6-2 工件的加工程序

行号	FANUC 加工程序	SIEMENS802s/c 加工程序	加工图形	注　释
	O6002	SK6002		程序名
N005	T0101 M03 S600 F0.1;	G54 G90 G94 T1 M3 S600 F60		调用 1 号刀具，顺时针转速 600r/min
N006		G158 Z_ X_		原点偏移
N010	G00 X60.0 Z100.0;	G0 X60 Z100		快速到换刀点
N015	X46.0 Z-12.0;	X46 Z-12	φ40 (46,-12)	接近第一刀加工圆弧的起点位置，因其编程直径尺寸大于工件毛坯尺寸，可快速到
N020	G02 X46.0 Z-50.0 R30.0;	G2 X46 Z-50 CR=30	R30 φ40 (46,-50)	第一刀加工圆弧，注意此时的圆弧深度
N025	G00 X42.0 Z-12.0;	G0 X42 Z-12	R30 φ40 (42,-12)	快速到第二刀加工圆弧的起点位置
N030	G02 X42.0 Z-50.0 R30.0;	G2 X42 Z-50 CR=30	R30 φ40 (42,-50)	第二刀加工圆弧，注意此时加工圆弧深度
N035	G00 X42.0 Z-12.0;	G0 X42 Z-12		快速退刀接近圆弧加工起点位置
N040	G01 X40.0;	G1 X40	R30 φ40 (40,-12)	到加工外圆起点位置尺寸尺寸
N045	G02 X40.0 Z-50.0 R30.0;	G2 X40 Z-50 CR=30	R30 φ40 (40,-50)	最后一刀加工外圆
N050	G00 X60.0 Z100.0;	G0 X60 Z100		快速回换刀点
N060	M30	M5		主轴停转
N065		M2		结序结束

编程疑难点

圆弧加工，必须知道该段圆弧的起点坐标、终点坐标、圆弧的半径等相关数值。

(1) 正确判断圆弧的方向。顺时针圆弧编程代码为 G02。

(2) 通过程序确定圆弧的起点坐标位置。(上例中的 N020、N025 两句程序)

在 FANUC 系统中：

① 用 G02X_Z_ R_ 格式表示顺时针圆弧加工。

X_Z_表示圆弧的终点位置；R_表示圆弧半径值。

如 G02 X50.0 Z-20.0 R10.0 表示圆弧终点坐标 X50 Z-20，半径 10mm 的顺时针圆弧。

② 在 X_Z_ R_中输入坐标值时，在 FANUC 数控系统中常采用小数点编程，因此在输入坐标值时，注意数值后带小数点。否则工件尺寸出错，易造成刀具切削过大、过深现象，造成刀具和工件碰撞或工件尺寸严重出错现象。

在 SIEMENS802s/c 系统中：

① 用 G2X_Z_CR=_格式表示顺时针圆弧加工。

X_Z_表示圆弧的终点位置；CR=_圆弧半径值。

如 G2 X50 Z-20 CR=10 表示圆弧终点坐标 X50 Z-20，半径 10mm 的顺时针圆弧。

② 注意 SIEMENS 系统中的 G158Z 应用，其中 Z 值是指卡盘与工件右端面的距离，在实际运用中，注意此值的圆整性。例如毛坯伸出长 98.2mm，在程序中可写为 G158Z98。

实际加工中，要有加工端面程序，将多余材料切除。

③ G 代码可用一位数字表示，也可用两位数字表示，如 G2，G1 等，也可写成 G02，G01 等格式，SIEMENS 系统均认可。

在学习使用中，要分清不同系统的编程格式，不要混淆。

(3) 顺圆弧加工后，必须用其他 G 代码代替 G02 代码，否则程序仍将执行圆弧加工并出现报警。

(4) 有关圆弧的另外几种编程格式。

① 已知圆弧起点坐标、终点坐标和圆心坐标，编程格式如下：

G01X_Z_；

X_Z_表示圆弧的起点坐标位置；

G02X_Z_I_K_；

X_Z_表示圆弧的起点坐标；I_K_表示圆弧圆心坐标相对于圆弧起点坐标的增加量，是增量方式，其中 I 表示半径方向的增加量，K 表示纵向增加量。

② FAUUC 数控编程中，还可用增量编程。格式如下：

G01X_Z_；

X_Z_表示圆弧的起点坐标位置；

G02U_W_R_；

U_W_表示圆弧终点相对于圆弧起点的坐标增量。

③ SIEMENS802s/c 数控编程中，可用圆弧张角进行编程。格式如下：

G01X_Z_；

X_Z_表示圆弧的起点坐标位置；

G02X_Z_AR=_；

X_Z_表示圆弧的起点坐标，AR=_表示圆弧圆心的张角大小。

凹圆弧加工操作步骤

(1)启动数控车床；

(2)数控车床回零；

(3)装夹刀具和毛坯；

(4)对加工件用刀具进行对刀；

(5)输入程序；

(6)进行图形模拟(根据不同系统配置，有的数控系统没有图形模拟功能，可进行数控软件仿真模拟)；

(7)单段、自动运行加工。

凹圆弧加工疑难点

(1)刀具的对刀参数界面操作要正确。正确选用刀具，防止刀具副后面与圆弧已加工面干涉。

(2)输入对刀参数值要注意刀具号的准确性。

(3)量具读数要准确。

(4)图形模拟时，检查刀具的运行轨迹是否符合工件形状。

(5)加工中的安全注意事项。

思考与练习

编写下图工件程序并进行加工。

已知毛坯直径 30mm，45 钢(可用以前练习留下的材料)。

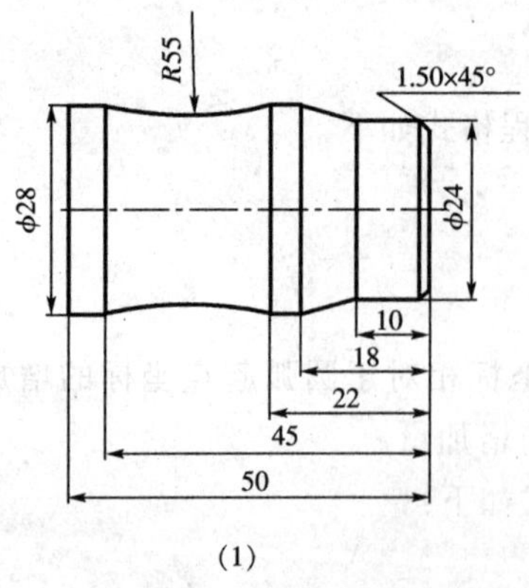

(1)

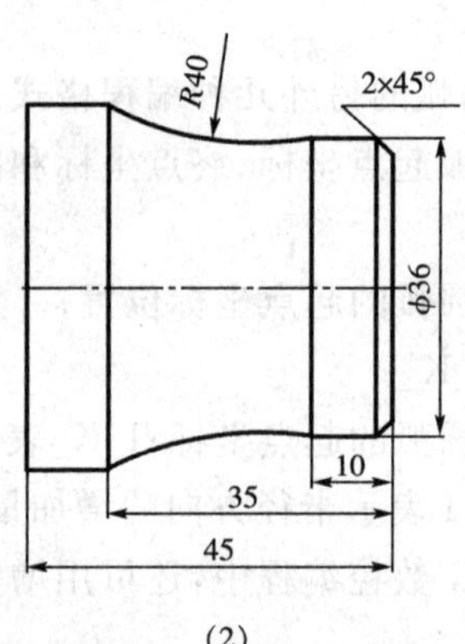

(2)

第七章 凸圆弧加工

圆弧是形体的一种常见连接方式，一般起尺寸过渡、美观等作用。

【例 7-1】编制图 7-1 所示凸圆弧件程序。已知毛坯尺寸ϕ38×50，45 钢。

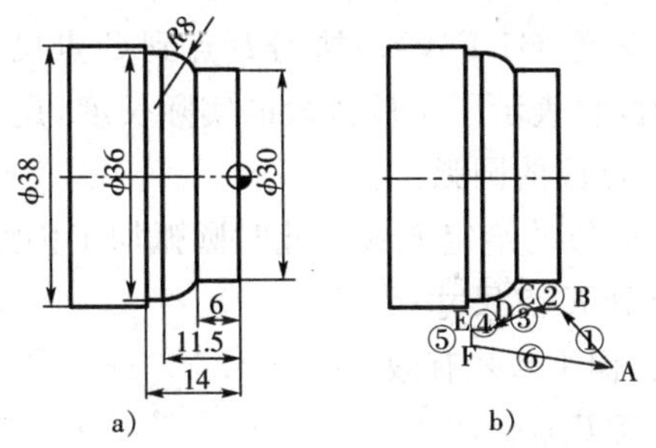

图 7-1 凸圆弧加工

加工工艺分析

凸圆弧加工和凹圆弧加工是一致的，只是编程代码不同。

加工时，选择的切削用量分别是转速 S 为 600r/min，切削进给速度 f 为 80mm/min（0.1mm/r～0.15mm/r），背吃刀量 a_p 为 1.5mm～2mm。

取工件的右端面的中心为工件坐标系的原点（如图 7-1a 所示）。

以前置刀架为例，对圆弧方向判断时，看工件中心线上半段刀具的运动方向。

图 7-2a 所示的刀具运动方向为自右向左（方向箭头）。在圆弧段，根据刀具走向，很容易判断出此圆弧是逆时针圆弧。

图 7-2b 所示的刀具运动方向为自左向右（方向箭头）。在圆弧段，根据刀具走向，很容易判断出此圆弧是顺时针圆弧。

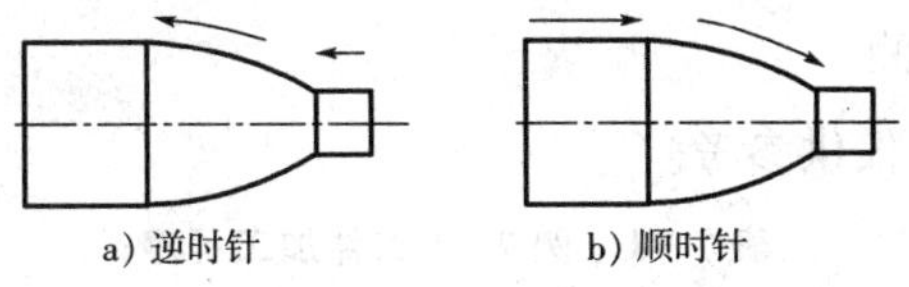

图 7-2 凸圆弧方向判断

从图中可以看出，即使是同一形状圆弧，由于加工方向不同，所得到的结论是不同的。后置刀架的圆弧方向判断和前置刀架圆弧方向判断相反。可以判断出图 7-1 所示圆弧为逆圆弧。

加工步骤分析

通过对零件毛坯尺寸以及尺寸分析计算，此零件的直线部分（外圆ϕ30 部分）加工余量较大，加工时，可考虑分两至三刀完成加工。为使加工程序优化以及工件加工的连续性，在编程时将外圆部分与圆弧部分组合编程。

整个加工过程分为六个步骤(如图 7-1b 所示)

加工步骤分析

(1) 刀具快速(G0 速度)从 A 点移动到 B 点。

A 点可以表示为数控机床的参考点或者是操作者规定的刀具换刀点。A 点和工件右端面的位置必须满足换刀时不影响刀具的转换,不碰撞工件。

B 点可以看作是刀具加工工件的切入点。B 点和工件右端面必须有一安全距离,防止刀具以 G0 速度和工件碰撞,造成不必要的损失。

(2) 刀具以给定的进给速度(G1 F××)加工 B 点到 C 点尺寸。

编程时注意 C 点的 Z 值,它表示了工件该段的实际长度,是一负值。

(3) 刀具加工 C 点到 D 点段的圆弧。

注意圆弧编程格式及坐标值的给定方式。此时圆弧加工仍按 F××速度进行加工。

(4) 刀具直线加工 D 点到 E 点尺寸。

编程时注意代码的变换,但 F××有效。

(5) 刀具进行横向退刀至 F 点。

(6) 刀具快速移动到 A 点。

通过以上六个步骤,此工件的形状加工完毕。

加工用工具

(1) 刀具

考虑数控机床的刀具耐用度以及加工零件的一致性,一般采用标准机夹刀具,刀具的主副偏角都已规定好,刀片材料也能满足工件加工,方便加工,减少加工辅助时间。如无标准机夹刀具,也可采用焊接刀具(主偏角 k_r 90°)进行工件加工。

(2) 夹具

由于工件是一个实心轴,轴的长度比较短,故采用工件的左端面和 ϕ38 的外圆作为定位基准。使用普通三爪自定心卡盘夹紧工件。

(3) 量具

精度不高时采用 150×0.02mm 游标卡尺测量;精度较高时,使用相应量程的千分尺测量。圆弧采用圆弧样板检测。

程序编制(见表 7-1,仅供参考)

表 7-1　例 7-1 工件加工程序

行号	FANUC 加工程序	SIEMENS802s/c 加工程序	加工图形	注　释
	O7001	SK7001		程序名
N005	M03 S600 T01;	G54 G90 G94 M3 S600 F80 T1		加工选用 1 号刀具 1 号刀补,顺时针转速 600r/min
N006		G158 Z_ X_		原点偏移
N010	G00 X50.0 Z80.0;	G0 X50 Z80		刀具快速移动至固定点

（续表）

行号	FANUC 加工程序	SIEMENS802s/c 加工程序	加工图形	注　释
N015	X40.0 Z0；	X40 Z0	φ38	刀具快速移动至工件端面处
N020	G01 X0 F0.1；	G1 X0 F60	φ38	加工端面
N025	Z2.0；	Z2	φ38	刀具纵向让刀
N030	G00 X34.0；	G0 X34	φ38	刀具移动到工件切入点，也就是图 6-2 中的 *B* 点
N035	G01 Z-6.0；	G1 Z-6	φ38	以 F0.15mm/r 速度加工直径 34mm，长度 6mm 的外圆
N040	G03 X36.0 Z-11.5 R8.0；	G3 X36 Z-11.5 CR=8	R8 φ38 φ34 5.50 6	加工 *R*3 凸圆弧
N045	G01 X40；	G1 X40	R8 φ38 φ34 5.50 6	在 Z-9.0 处以 F0.4mm/r 速度横向退出

（续表）

行号	FANUC 加工程序	SIEMENS802s/c 加工程序	加工图形	注 释
N050	G00 Z2.0；	G0 Z2	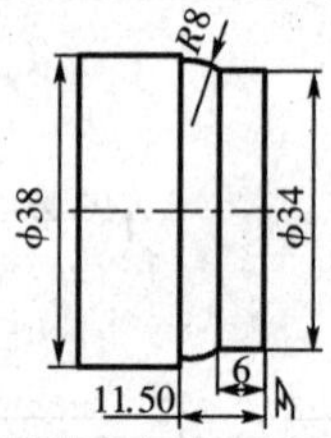 R8 ϕ38 ϕ34 6 11.50	快速移动到工件端面处
N055	X30.0；	X30	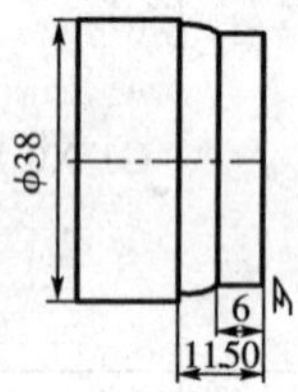 ϕ38 6 11.50	刀具再次进入切入点
N060	G01 Z－6.0；	G1 Z－6	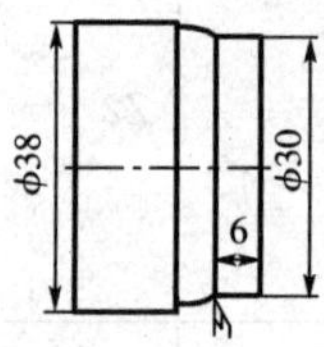 ϕ38 ϕ30 6	加工 ϕ30、长 6mm 外圆
N065	G03 X36.0 Z－11.5 R8.0；	G3 X36 Z－11.5 CR＝3	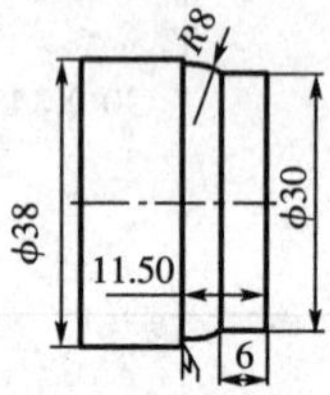 R8 ϕ38 ϕ30 11.50 6	加工 R8 凸圆弧，
N070	G01Z－14.0；	G1Z－14	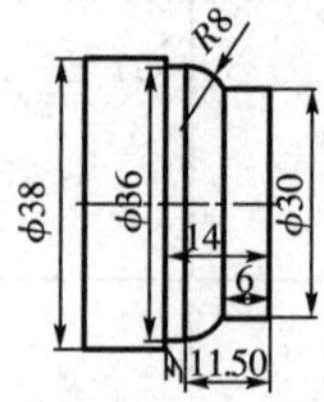 R8 ϕ38 ϕ36 ϕ30 14 6 11.50	加工直径 36、长 14mm 外圆
N075	X40.0；	X40	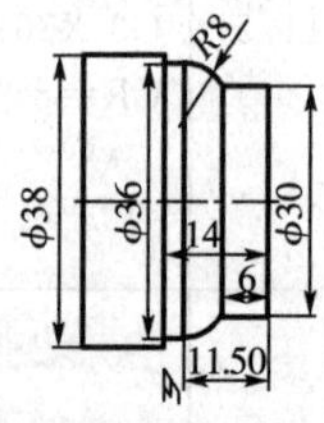 R8 ϕ38 ϕ36 ϕ30 14 6 11.50	从 Z－14 处横向退刀
N080	G00 Z80.0；	G0 Z80		刀具退到固定点
N085	M30	M5		主轴停转
N090		M2		程序结束

【例 7-2】 编制图 7-3 所示的球头件程序。已知毛坯直径 ϕ26mm,45 钢。

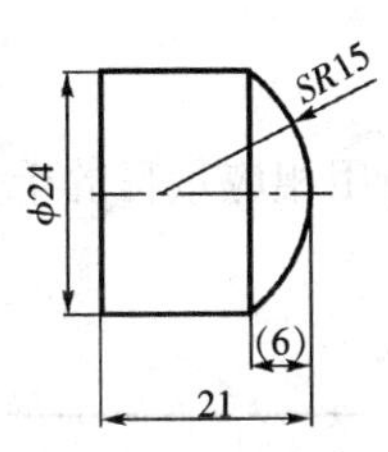

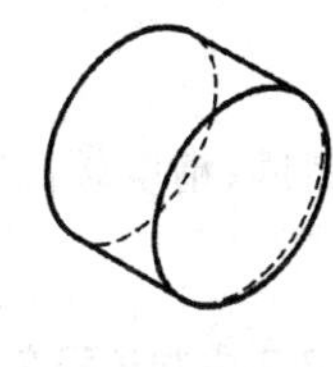

图 7-3　球头件

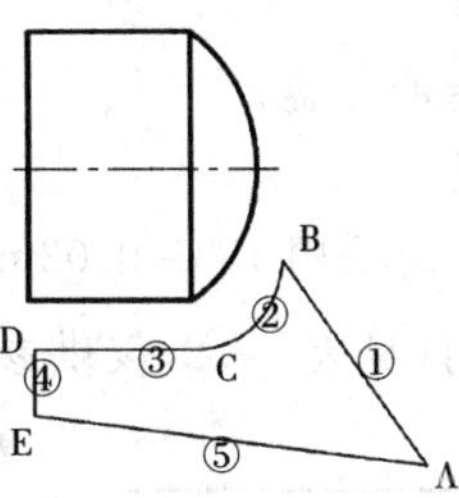

图 7-4　球头件加工轨迹图

加工工艺分析

球头件加工,本质上就是凸圆弧加工,加工参数选择与凸圆弧加工一样。

工艺难点分析

(1) 圆弧高度计算,计算方法同凹圆弧深度计算方法。如上图中可计算得到圆弧高度 6mm。

(2) 球头件加工主要采用仿形法加工和逼近法加工。

逼近法加工主要通过刀具将球头加工成圆锥,然后加工成球头。计算量大,通常在自动编程或循环加工中,由系统自动计算出逼近量。

仿形法加工是手工编程常用的编程方法。

(3) 判断此圆球为逆圆弧。

加工步骤分析

我们通过仿形法编程对此工件进行加工分析。

(1) 刀具快速(G0 速度)从 *A* 点移动到 *B* 点。

A 点可以表示为数控机床的参考点或者是操作者规定的刀具换刀点。*A* 点和工件右端面的位置必须满足换刀时不影响刀具的转换,不碰撞工件。

B 点可以看作是球头件的切入点。*B* 点和工件右端面必须有一安全距离,防止刀具以 G0 速度和工件碰撞,造成不必要的损失。

(2) 刀具加工球头 *BC*。

编程时注意 *B* 点的坐标值,表示球头的起点坐标值。*C* 点表示球头的终点坐标值。

注意圆弧编程格式及坐标值的给定方式。此时圆弧加工仍按 F××速度进行加工。

(3) 刀具直线加工 *C* 点到 *D* 点尺寸。

编程时注意代码的变换,但 F××有效。

(4) 刀具进行横向退刀至 *E* 点。

(5) 刀具快速移动到 *A* 点。

通过以上五个步骤,此工件的形状加工完毕。

加工用工具

(1) 刀具

考虑数控机床的刀具耐用度以及加工零件的一致性,一般采用标准机夹刀具,刀具的主副偏角都已规定好,刀片材料也能满足工件加工,方便加工,减少加工辅助时间。如无标准机夹刀具,也可采用焊接刀具(主偏角 $\kappa_r 90^\circ$)进行工件加工。

(2) 夹具

三爪自定心卡盘。

(3) 量具

精度不高时采用 150×0.02mm 游标卡尺测量;精度较高时,使用相应量程的千分尺测量。

程序编制(见表 7-2,仅供参考)

表 7-2 例 7-2 工件加工程序

行号	FANUC 加工程序	SIEMENS802s/c 加工程序	加工图形	注 释
	O7002	SK7002		程序名
N005	M03 S600 T01	G54 G90 G94 M3 S600 T1		加工选用 1 号刀具,顺时针转速 600r/min
N006		G158 Z_ X_		原点偏移
N010	G00 X50.0 Z100.0;	G0 X50 Z100		刀具快速移动至 A 点
N015	X28.0 Z0;	G0 X28 Z0	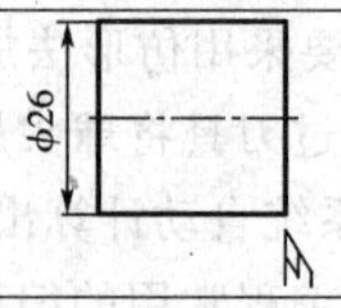	刀具快速移动到工件端面处
N020	G01 X0 F0.1;	G1 X0 F60	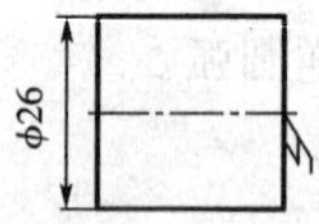	加工端面
N025	Z2.0	Z2	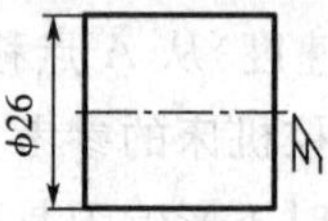	刀具纵向让刀
N030	G00 X20.0;	G0 X20	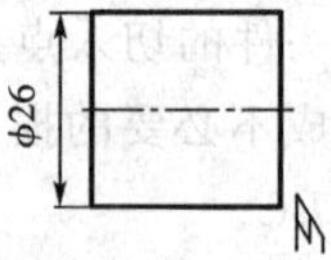	刀具移动到第一次加工圆球起点位置尺寸(X20Z0)
N035	G01 Z0;	G1 Z0	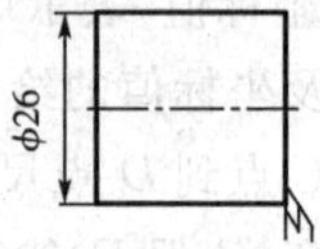	
N040	G03 X24.0 Z-6.0 R15.0;	G3 X24 Z-6 CR=15	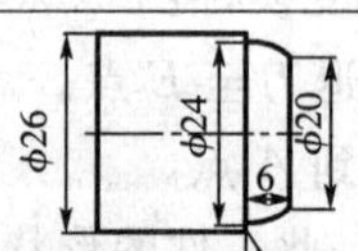	第一次加工 R15 半圆球
N045	G00 X22.0 Z2.0;	G0 X20 Z2	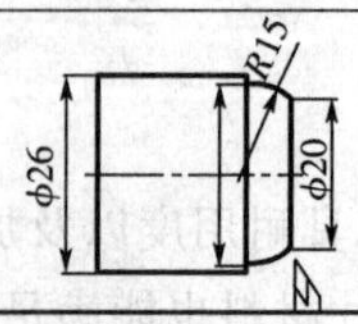	刀具快速退出到工件端面

（续表）

行号	FANUC 加工程序	SIEMENS802s/c 加工程序	加工图形	注　释
N050	G00 X12.0；	G0 X12	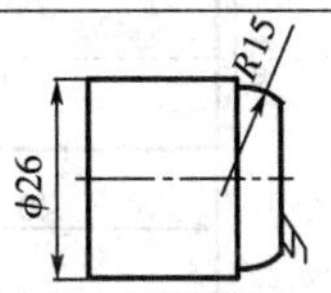	刀具移动到第二次加工圆球起点位置尺寸(X12Z0)
N055	G01 Z0；	G1 Z0		
N060	G03 X24.0 Z-6.0 R15.0；	G3 X24 Z-6 CR=15	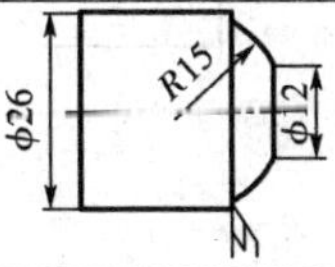	第二次加工 *R*15 半圆球
N065	G00 X14.0 Z2.0；	G0X 14Z2	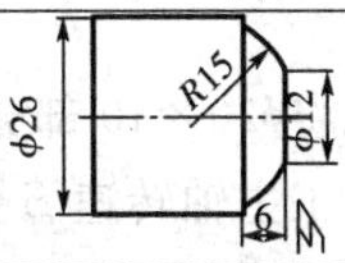	刀具快速退出到工件端面
N070	G00 X6.0；	G0 X6	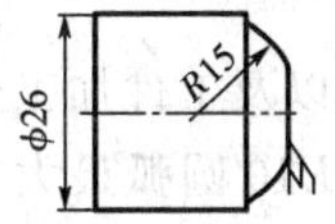	刀具移动到第三次加工圆球起点位置尺寸(X6Z0)
N075	G01 Z0；	G1 Z0		
N080	G03 X24.0 Z-6.0 R15.0；	G3 X24 Z-6 CR=15	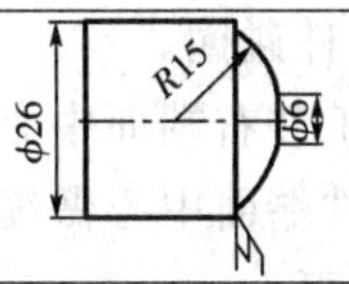	第三次加工 *R*15 半圆球
N085	G00 X8.0 Z2.0	G0 X8 Z2	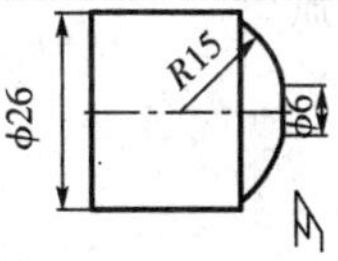	刀具快速退出到工件端面
N090	G01 X0 Z0；	G1 X0 Z0	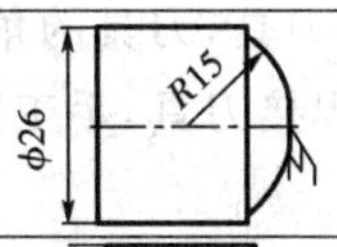	刀具移动到最后一次加工圆球起点位置尺寸(X0Z0)
N095	G03 X24.0 Z-6.0 R15.0；	G3 X24 Z-6 CR=15	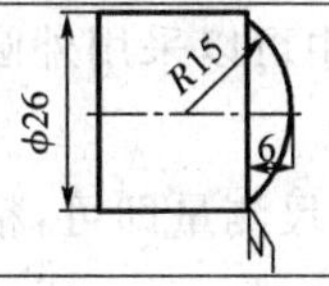	加工半圆球
N100	G01 Z-21.0；	G1 Z-21	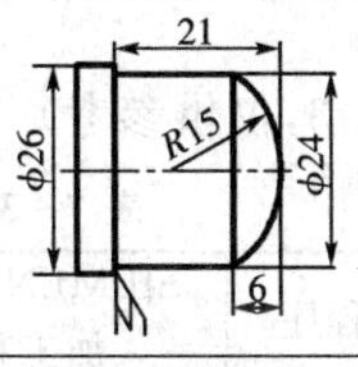	加工外圆
N105	X30.0；	X30	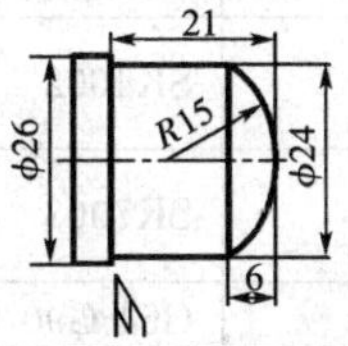	刀具横向退出
N110	G00 X50 Z100.0；	G0 X50 Z100		刀具快速回换刀点
N0115	M30	M5		主轴停转
N120		M2		程序结束

【例 7-3】 加工图 7-5 所示工件。已知毛坯直径ϕ28mm,45 钢。

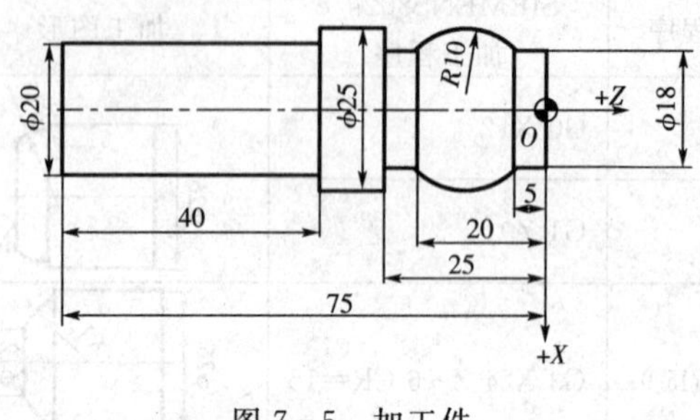

图 7-5 加工件

加工工艺分析

此工件在第四章已将ϕ20×40 部分和ϕ25 部分加工好。

由附录 2 确定其加工主轴转速 S 为 600r/min,进给速度 f 为 0.15mm/r(80mm/min),背吃刀量 a_p 选 2mm。

根据选用加工参数以及工件加工余量知,ϕ18mm 尺寸和 R10 圆弧不能一刀加工完成,要分刀加工才能完成。R10 圆弧最大直径处约为 24.8mm,在编程中注意刀具退刀时的程序处理。防止刀具和工件碰撞。

为使编程方便,取工件右端面中心处作为编程坐标系原点,如图 7-5 所示。工件调头装夹时,仍用要加工工件端面中心做编程原点。

判断此圆弧为逆圆弧。

加工用工具

(1) 刀具

一般采用标准机夹刀具,刀具的角度均已规定好,刀具材料也能满足工件加工。如无标准机夹刀具,也可采用焊接刀具,手工刃磨至适当角度后进行加工。本题中刀具为 T01 号。

(2) 夹具

此工件较短,加工中可以采用外圆定位,用三爪自定心卡盘即可进行装夹。

(3) 量具

一般精度用游标卡尺测量即可,精度要求较高时,采用千分尺测量。圆弧采用圆弧样板检测。

程序编制(见表 7-3,仅供参考)

表 7-3 例 7-3 工件加工程序

行号	FANUC 加工程序	SIEMENS802s/c 加工程序	加工图形	注 释
	O4002	SK4002	见第四章例 4-2 程序	程序名(加工工件左侧)
	O7003	SK7003		程序名(调头装夹,加工工件右侧)
N005	M03 S600 T01	G54 G90 G94 M3 S600 F80 T01		选用刀具,启动主轴
N006		G15 8 Z_ X_		原点偏移
N010	G00 X60.0 Z100.0;	G0 X60 Z100		快速到换刀点

（续表）

行号	FANUC 加工程序	SIEMENS802s/c 加工程序	加工图形	注 释
N015	X30.0 Z0；	X30 Z0	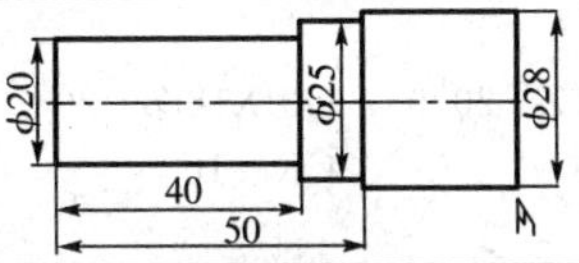	接近工件端面处
N020	G01 X0 F0.15；	G1 X0 F80	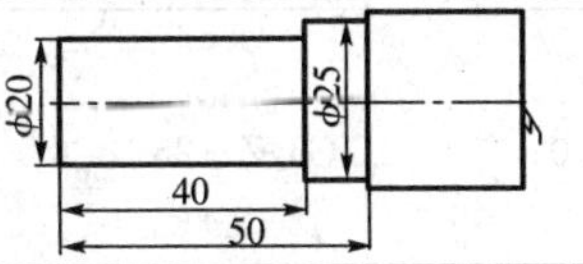	加工端面，保证工件全长
N025	Z2.0；	Z2	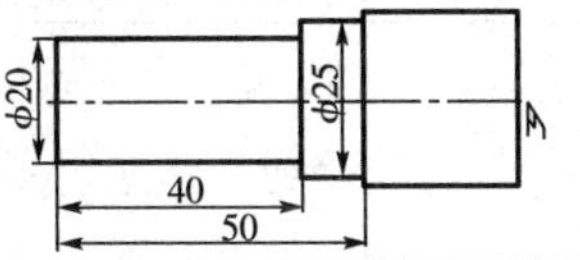	刀具纵向让刀
N030	X24.0；	X24	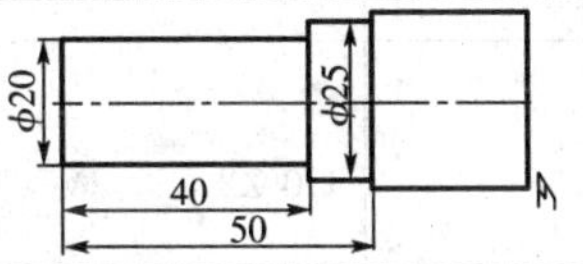	退刀至第一次加工外圆尺寸
N035	G01 Z－5.0；	G1 Z－5	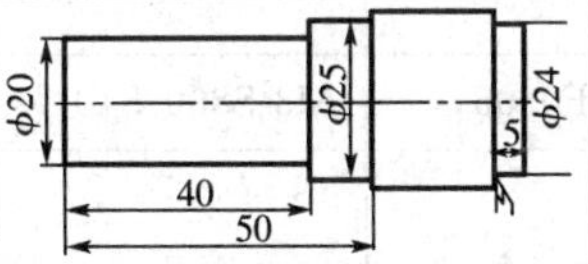	加工 ϕ24 外圆
N040	G03 X24.0 Z－20.0 R10.0；	G3 X24 Z－20 CR＝10	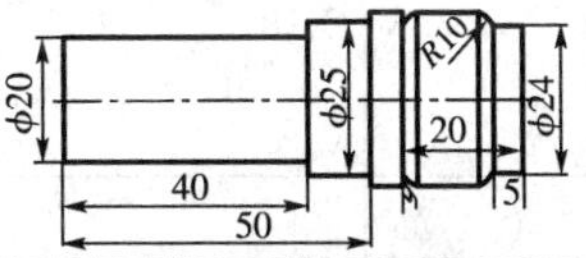	加工 R10 圆弧，注意此时圆弧的起终点 X 尺寸较大，圆弧的弧顶部加工不到
N045	G01 Z－25.0；	G1 Z－25	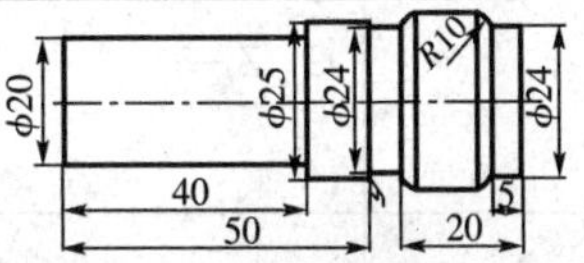	加工外圆
N050	X30.0；	X30	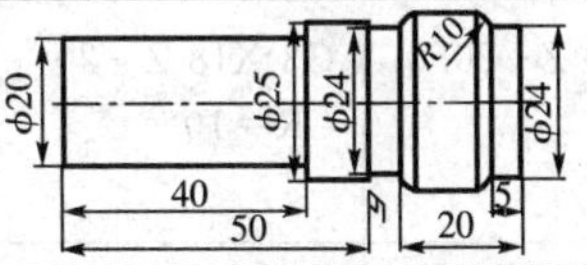	横向退刀，注意退刀位置，防止刀具回端面时和工件碰撞。
N055	G00 Z2.0；	G0 Z2	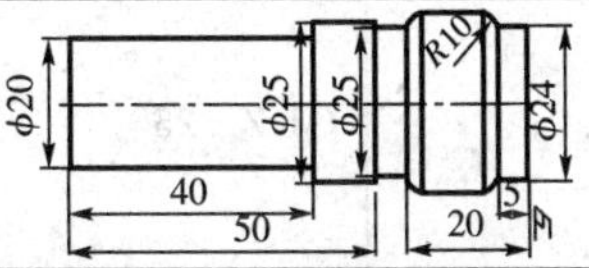	快速回端面
N060	X20.0；	X20	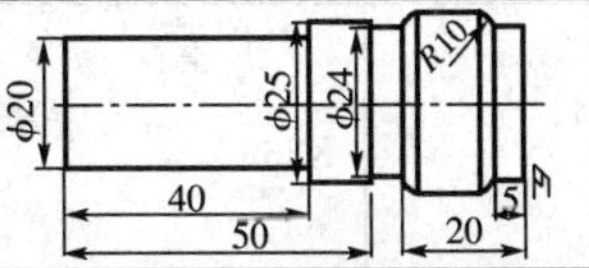	第二次加工外圆位置尺寸
N065	G01 Z－5.0；	G1 Z－5	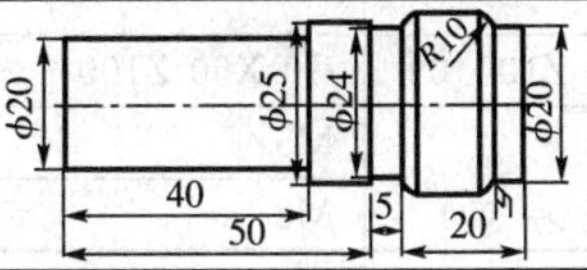	加工 ϕ20 外圆

（续表）

行号	FANUC 加工程序	SIEMENS802s/c 加工程序	加工图形	注　释
N070	G03 X18.0 Z－20.0 R10.0；	G3 X18 Z－20 CR＝10	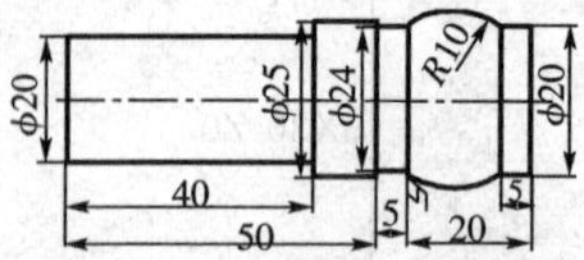	加工 *R*10 圆弧
N075	G01 Z－25.0；	G1 Z－25	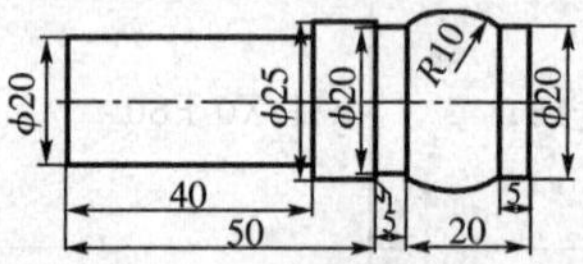	加工外圆
N080	X26.0；	X26	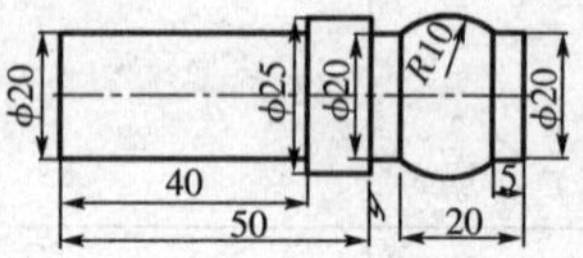	横向退刀
N085	G00 Z2.0；	G0 Z2	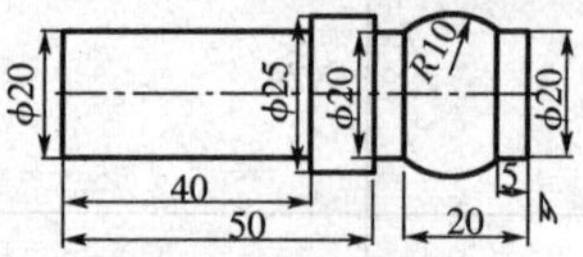	快速回端面
N090	M03 S800 F0.05；	M3 S800 F40		设置精加工参数
N095	X18；	X18	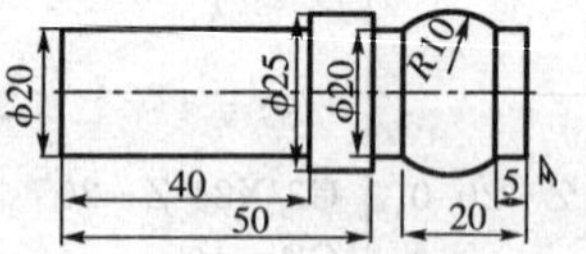	刀具移到精加工外圆尺寸位置
N100	G01 Z－5.0；	G1 Z－5	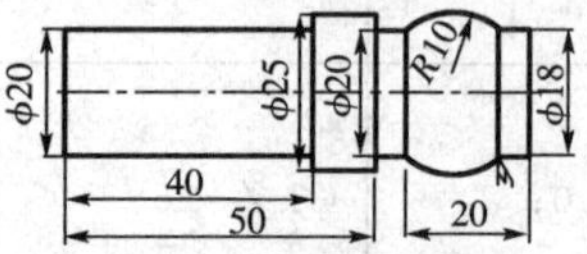	精加工外圆
N105	G03 X18.0 Z－20.0 R10.0；	G3 X18 Z－20 CR＝10	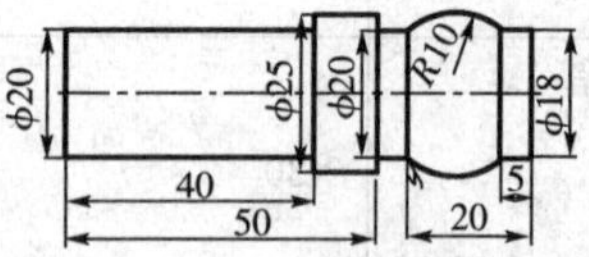	精加工 *R*10 圆弧
N110	G01 Z－25.0；	G1 Z－25	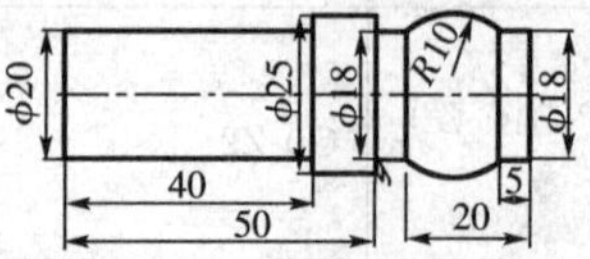	精加工外圆
N115	X26.0；	X26	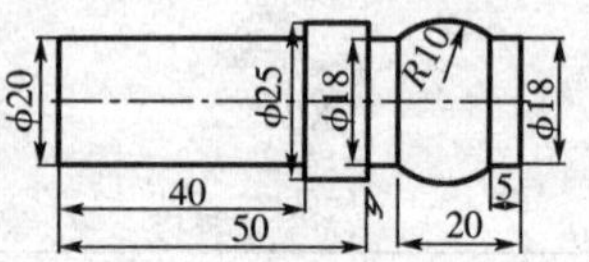	刀具横向退出
N120	G00 X60.0 Z100.0；	G0 X60 Z100		快速回换刀点
N0125	M30；	M5		主轴停转
N130		M2		程序结束

编程疑难点

圆弧加工，必须知道该段圆弧的起点坐标、终点坐标以及圆弧的半径等相关参数值。

(1) 正确判断圆弧的方向。逆时针圆弧编程代码为G03。

(2) 编程时首先通过程序段确定圆弧的起点坐标位置，后用G03格式对圆弧进行编程。

在FANUC系统中：

① 用G03X_Z_ R_ 格式表示逆时针圆弧加工。

X_Z_表示圆弧的终点位置；R_表示圆弧半径值。

如G03 X50.0 Z-20.0 R20.0 表示圆弧终点坐标X50 Z-20、半径20mm的逆时针圆弧。

② 在X_Z_ R_中输入坐标值时，在FANUC数控系统中常采用小数点编程，因此在输入坐标值时，注意数值后带小数点。否则工件尺寸出错，易造成刀具切削过大、过深现象，造成刀具和工件碰撞或工件尺寸严重出错现象。

在SIEMENS802s/c系统中：

① 用G3X_Z_CR=_格式表示逆时针圆弧加工。

X_Z_表示圆弧的终点位置；CR=_圆弧半径值。

如G3 X50 Z-20 CR=20 表示圆弧终点坐标X50 Z-20，半径20mm的逆时针圆弧。

② 注意SIEMENS系统中的G158Z应用，其中Z值是指卡盘与工件右端面的距离，在实际运用中，注意此值的圆整性。例如毛坯伸出长98.2mm，在程序中可写为G158Z98。实际加工中，就要有加工端面程序，将多余材料切除。

③ G代码可用一位数字表示，也可用两位数字表示，如G3、G1等，也可写成G03、G01等格式。SIEMENS系统均认可，书写时，尽量统一。

在学习使用中，要分清不同系统的编程格式，不要混淆。

(4) 圆弧加工后，必须用其他G代码代替G03代码，否则程序仍将执行圆弧加工并出现加工报警。

(5) 有的工件在拐角处用凸圆弧过渡(也称为倒圆)，其实质也就是凸圆弧加工。编程格式一样或采用倒圆格式编程。

(6) 有关圆弧的另外几种编程格式。

① 已知圆弧起点坐标、终点坐标和圆心坐标，编程格式如下：

G01X_Z_；

X_Z_表示圆弧的起点坐标；

G03X_Z_I_K_；

X_Z_表示圆弧的起点坐标，I_K_表示圆弧圆心坐标相对于圆弧起点坐标的增加量，是增量方式；其中，I表示半径方向的增加量，K表示纵向增加量。

② FAUUC数控编程中，还可用增量编程。格式如下：

G01X_Z_；

X_Z_表示圆弧的起点坐标；

G03U_W_R_；

U_W_表示圆弧终点相对于圆弧起点的坐标增量。

③ SIEMENS802s/c数控编程中，可用圆弧张角进行编程。格式如下：

G01X_Z_；

X_Z_表示圆弧的起点坐标；

G03X_Z_AR=_；

X_Z_表示圆弧的起点坐标，AR=_表示圆弧圆心的张角大小。

凸圆弧加工操作

(1) 启动数控车床；

(2) 数控车床回零；

(3) 装夹刀具和毛坯；

(4) 对用于加工刀具进行对刀操作；

(5) 输入程序；

(6) 进行图形模拟（根据不同系统配置，有的数控系统没有图形模拟功能，可进行数控软件仿真模拟）；

(7) 单段、自动运行加工。

凹圆弧加工疑难点

(1) 刀具的对刀参数界面操作要正确。

(2) 输入对刀参数值要注意刀具号的准确性。

(3) 量具读数要准确。

(4) 图形模拟时，检查刀具的运行轨迹是否符合工件形状。

(5) 加工中的安全注意事项。

思考与练习

编写下图工件程序并进行加工。已知毛坯为45钢。

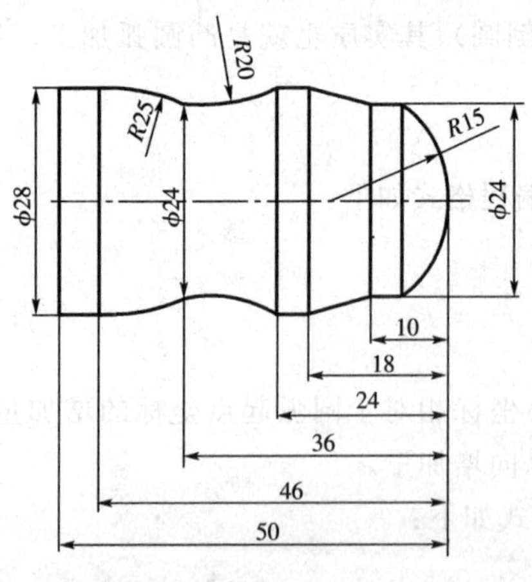

(1) 毛坯直径30mm

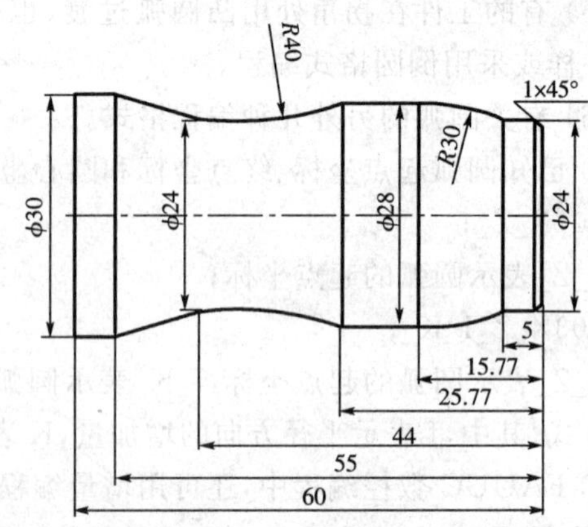

(2) 毛坯直径32mm

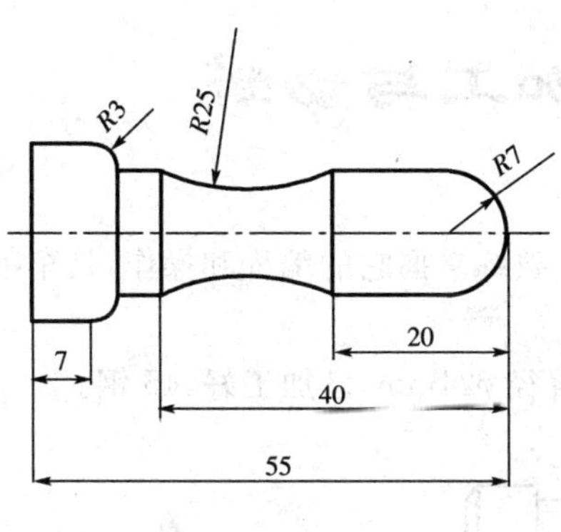

(3) 毛坯直径 22mm

(4) 毛坯直径 22mm

第八章　沟槽加工与切断

沟槽加工和切断是车削零件常见的加工形式，熟练掌握它的编程和操作，是车削加工的基本要求。

【例 8-1】加工图 8-1 所示沟槽，工件尺寸（直径 ϕ24mm）已加工好，45 钢。

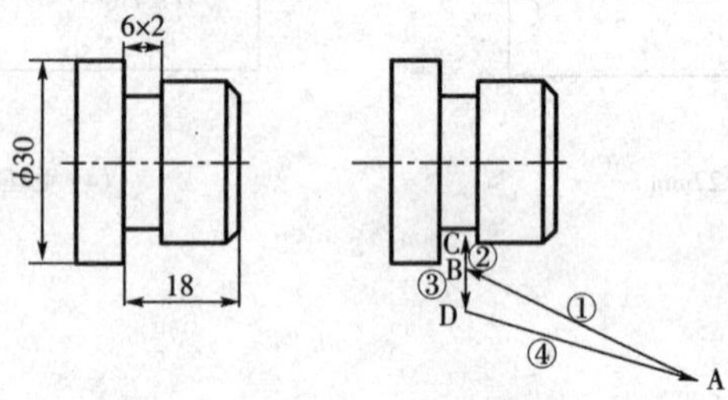

图 8-1　沟槽加工与沟槽加工轨迹图

加工工艺分析

沟槽的加工，是一种完全径向走刀加工，但它又不同于端面加工的径向走刀，因为沟槽加工时，刀具的三个侧面都对工件进行切削，为保证切削的正常进行，需要合理设置加工参数，选择低转速，增大加工扭矩。在加工时，一般将切断与沟槽加工转速选在 *S*400r/min 左右，进给量设置为 0.05mm/r～0.10mm/r(30mm/min)左右。

加工中，由于工件槽宽为 6mm，加工给定的刀具刀宽为 4mm，因此要两刀才可以将此沟槽加工完成。编程时要注意刀具位置尺寸，以防出错。

加工步骤分析

(1) 刀具从换刀点 *A* 点处以快速(G00)移动到 *B* 点，*B* 点为沟槽切入起始点，其位置必须在工件以外，否则将会发生刀具碰撞。

(2) 刀具开始进行切削，从 *B* 点以给定的工作进给速度加工到槽底 *C* 点，在此应设置好合理的进给量数值，以免因为进给量选择不当而发生刀具损坏。

(3) 退刀，刀具横向退至 *D* 点，以 G1 方式进行退刀

(4) 以 G0 指令从 *D* 点返回换刀点 *A*。

加工用工具

(1) 刀具

加工沟槽所用的刀具为切断刀，一般采用标准机夹刀具，刀具的角度与刀头的宽度均已规定好，刀具材料也能满足工件加工。

如无标准机夹刀具，也可采用焊接刀具，手工刃磨至适当角度、刀宽后进行加工。

本例中，设刀号为 T2，刀宽 4mm。

(2) 夹具

此工件较短，是一实心件，可用普通三爪自定心卡盘进行工件装夹。编程时以工件右端面的中心处作为工件编程原点。

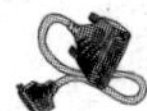

(3) 量具

精度不高时,采用游标卡尺测量;精度较高时,应使用相应量程的千分尺测量。

程序编制(见表 8-1,仅供参考)

表 8-1 例 8-1 加工程序

行号	FANUC 加工程序	SIEMENS802s/c 加工程序	加工图形	注 释
	O8001	SK80021		程序名
N005	T02 S400 M03;	G54 G94 G90 S400 M3 T2		调用 2 号刀具,主轴转速 400r/min,SIEMENS802s/c 系统采用 G94(mm/min)进给。绝对值编程方式
N006		G15 8 Z_ X_		原点偏移
N010	G00 X60.0 Z100.0;	G0 X60 Z100		快速到换刀点
N015	G00 X31.0 Z-18.0;	G0 X31 Z-18		快速进给到第一刀加工沟槽起始位置,刀具移动时,注意不要和工件相碰撞
N020	G01 X20.5 F0.10;	G1 X20.5 F20		第一次切槽,留 0.5mm 余量
N025	G01 X26.0 F0.3;	G1 X26 F200		退刀
N030	Z-16.0;	Z-16		到第二刀加工沟槽位置
N035	X20.0 F0.1;	X20 F20		加工沟槽到尺寸要求
N040	G04 X1.0;	G4 F1		槽底暂停 1s
N045	G01 Z-18.0 F0.05;	G1 Z-18 F10		精加工槽底
N050	X32.0;	X32		横向退刀,注意退刀速度不要快,防止切槽刀将 $\phi30$ 台阶面拉毛。影响表面粗糙度
N055	G00 X60.0 Z100.0;	G0 X60 Z100		快速回换刀点
N060	M30;	M5		主轴停转
		M2		程序结束

编程疑难点

(1) 沟槽加工注意刀具的起始切入点位置和换刀点位置。

由于沟槽加工在工件加工中安排在外轮廓加工之后,加工沟槽时,需要进行换刀方可进行沟槽或切断工序的加工。这时刀具要有合理的换刀位置才能避免刀具的碰撞。

在确定沟槽位置或切断位置时,考虑切槽刀在对刀时用刀具的左刀面进行长度方向对刀,因此在确定切断位置时,为保证工件总体长度,必须加上切槽刀的刀宽值。确定沟槽宽度时,也要合理利用切槽刀宽度值,才能保证沟槽的宽度。

在平床身前置刀架机床中,当加工方向由端面向卡盘加工较宽沟槽时,规定:沟槽左侧尺寸可以在编程时直接写位置尺寸;沟槽右侧位置尺寸等于右侧到端面距离加上刀宽值。上例中的 N015(X26 Z-18)句,N030(Z-16)句,就分别表明了沟槽的左右位置尺寸。

(2) 由于加工沟槽的切削力大,转速低,进给慢,沟槽及切断面加工后的表面粗糙度达不到技术要求,为此,在沟槽加工中,刀具在槽底要有暂停时间,以保证工件的表面粗糙度。如上例中的 N040 句。

(3) 由于每把切槽刀的刀宽值不变,当沟槽宽度值大于切槽刀宽时,要考虑多加工几刀才能保证沟槽尺寸,为减少宽沟槽槽底的刀接缝痕迹,编程时要有粗、精加工程序,消除接缝痕迹。如上例中的 N020 句(粗加工沟槽),N045 句(精加工沟槽)。

(4) 工件进行切断时,对于直径较大零件,要注意切断过程中的暂停,刀头长度能不能满足切断需求。

实心件切断时,切断刀刀头长度 $L=\frac{d}{2}+(3\sim5)\text{mm}$;

切断空心件时,切断刀刀头长度 $L=\frac{D-d}{2}+(3\sim5)\text{mm}$;

切断刀刀头宽度 $a=(0.5\sim0.6)\sqrt{D}\text{mm}$,工件切断时,要注意选择相适应的刀头宽度。刀头太宽,切断时容易引起振动;太窄,则刀头强度低,容易破损。

(5) 程序代码及坐标值输入时要仔细,G00/G01 代码不能写反,FANUC 数控中的小数点编程,不要混淆,防止刀具与工件或设备碰撞,造成不必要的损失。

沟槽加工的操作步骤

(1) 启动机床,系统上电。

(2) 机床回零。

(3) 装夹刀具和毛坯。

(4) 对加工用刀具进行对刀。

(5) 输入程序。

(6) 进行图形模拟检验程序的正确性。

(7) 单段、自动运行程序。

沟槽加工的疑难点

(1) 刀具对刀参数界面操作要正确。

(2) 输入对刀参数值要注意刀具号的准确性。

(3) 量具读数要准确。

(4) 图形模拟时,检查刀具的运行轨迹是否符合工件形状。

(5) 加工中。如果刀具切削不顺利,要停止机床加工,检查原因,不得强行加工。

(6) 加工中的安全注意事项。

思考与练习

加工下图工件,切断刀宽 4mm,毛坯直径 32mm,45 钢。

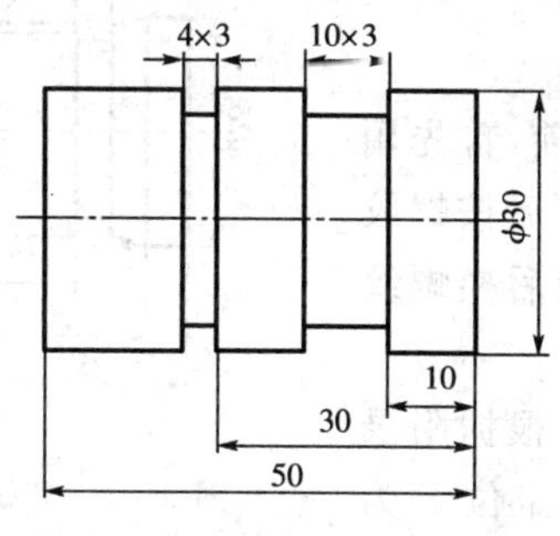

(1) 毛坯直径 32mm

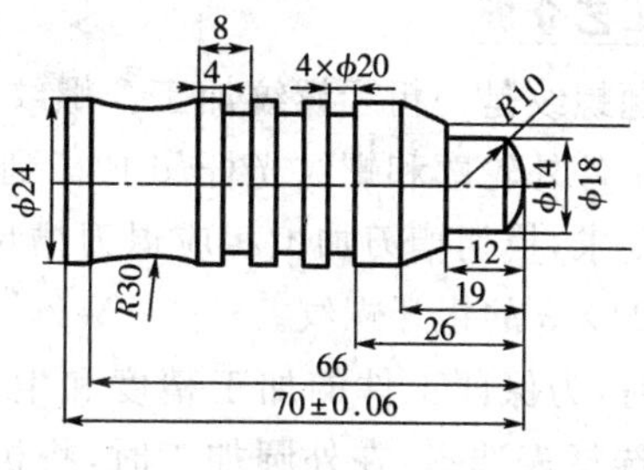

(2) 毛坯直径 25mm

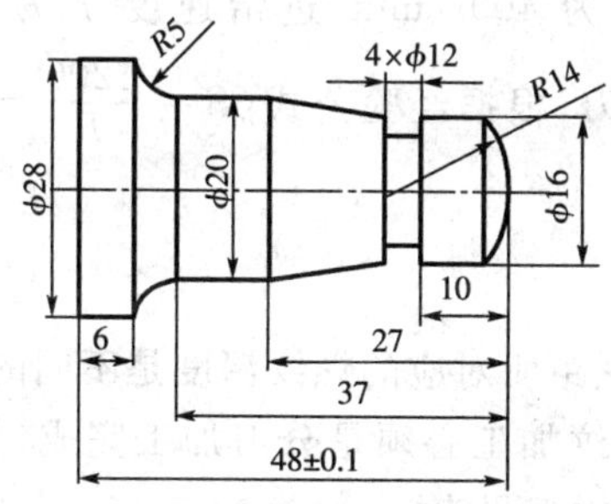

(3) 毛坯直径 30mm

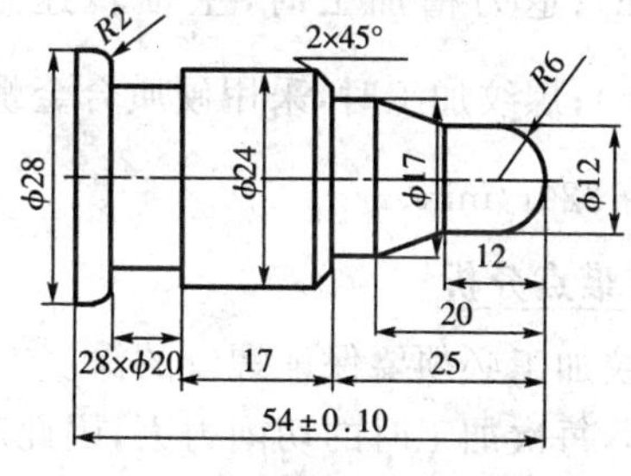

(4) 毛坯直径 30mm

第九章　螺纹加工

常用螺纹分为圆柱螺纹和圆锥螺纹；公制螺纹和英制螺纹；三角螺纹和其他形状（梯形、方形等）螺纹；单头螺纹和多头螺纹；外螺纹和内螺纹。螺纹常用于可拆连接以及密封等作用。

【例 9-1】加工图示工件。毛坯直径ϕ27mm，45 钢。

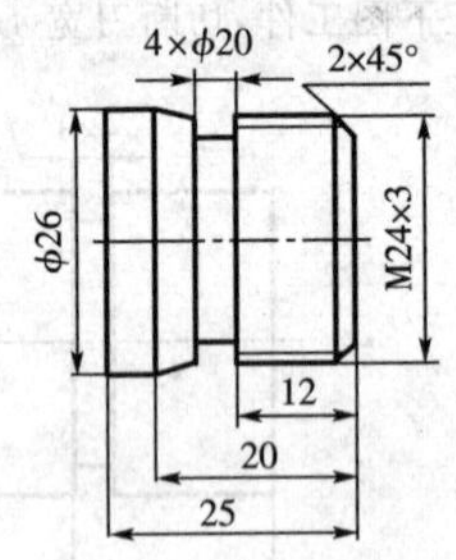

图 9-1　外螺纹加工

加工工艺分析

本例题螺纹是一粗牙螺纹加工。螺纹加工之前，首先用外圆刀将工件外轮廓和螺纹光杆ϕd 加工到尺寸，然后按螺纹加工技术要求，换切槽刀加工相应退刀槽尺寸。最后换螺纹刀加工 M24×3 的粗牙螺纹。

加工时，为保证工件的加工精度和生产效率，根据附录加工参数选择表选择：在外圆加工时，将机床转速定位 S 为 600r/min，背吃刀量 a_p 为 2mm，进给速度 f 为 0.15mm/r（80mm/min）；退刀槽加工时，主轴转速定位 S 为 400r/min，进给速度 f 为 0.10mm/r（20mm/min）；螺纹加工时，采用硬质合金螺纹车刀，根据经验公式（$S=\frac{1200}{P}-80$）得到主轴转速 S 为 320r/min。

加工重难点分析

(1)螺纹加工必须要保证螺纹的深度。不同螺距所对应的螺纹深度是不同的；螺纹刀具是成形刀具，每次加工时的切削力大，因此对于螺纹加工必须是分刀加工完成，每次加工时的加工次数与背吃刀量见附录螺纹加工次数与背吃刀量表。

(2)螺纹加工还要保证螺纹的导程（螺距）参数 P。不同数控系统对螺距参数的表示方法是不一致的。

加工步骤分析

(1) 用外圆刀加工工件外圆轮廓。

(2) 在换刀点进行换切槽刀，进行螺纹退刀槽的加工。

(3) 在换刀点进行换螺纹刀，进行螺纹的加工。

① 刀具快速移动到螺纹加工起点位置。

② 设置螺距大小、螺纹长度等加工参数。

③ 螺纹开始加工。

加工用工具

(1) 刀具

通过分析，螺纹加工一共有三把刀具，分别设置为：

1 号刀具，T1，外圆刀；

2 号刀具，T2，切槽刀兼切断刀，刀宽 4mm；

3 号刀具，T3，螺纹刀。

(2) 夹具

此工件是一较短实心件，加工中可以采用工件外圆进行定位加工。加工中用普通三爪自定心卡盘装夹即可。

为使编程与加工方便，采用工件右端面中心处作为工件编程原点。

(3) 量具

外螺纹可用普通螺帽进行检测。精度较高时，可用螺纹千分尺或螺纹环规进行检测。

程序编制（见表 9－1，仅供参考）

表 9－1　例 9－1 工件加工程序

行号	FANUC 加工程序	SIEMENS802s/c 加工程序	加工图形	注　释
	O9001	SK9001		程序名
N005	S600 M03 T0101;	G54 G94 G90 S600 M03 T1		选用刀具并启动主轴，SIEMENS802s/c 系统采用毫米/分钟进给(G94)
N006		G158 Z_ X_		原点偏移
N010	G00 X60.0 Z100.0;	G00 X60 Z100	外圆加工过程图（略）	快速到换刀点
N015	X30.0 Z0;	X30 Z0		快速到工件端面；加工端面
N020	G01 X0 F0.15;	G01 X0 F80		
N025	Z1.0;	Z1		刀具纵向让刀
N030	G00 X23.0;	G0 X23 F80		刀具移动到螺纹倒角起点位置
N035	G01 X23.64 Z－2.0;	G1 X23.64 Z－2		螺纹外径倒角
N040	Z－16.0;	Z－16		加工螺纹外径长度
N045	X26.0 Z－20.0;	X26 Z－20		加工圆锥
N050	Z－25.0;	Z－25		加工外圆
N055	X28.0;	X28	2×45° φ26 φ24 16 20 25	横向退刀，快速到换刀点
N060	G0 Z100.0;	G0 Z100		
N065	M03 S400 T0202;	M03 S400 T2	沟槽加工过程图（略）	调 2 号刀具，设定加工参数
N070	G00 X25.0;	G0 X25		快速到沟槽加工位置
N075	Z－16.0;	Z－16		
N080	G01 X20.0 F0.08;	G1 X20 F15		加工沟槽
N085	G04 X1.0;	G4 F1		槽底暂停 1s 时间

（续表）

行号	FANUC加工程序	SIEMENS802s/c 加工程序	加工图形	注　释
N090	G01 X28；	G1 X28	4×φ20　2×45°　φ26　φ24　12　20　25	横向退刀，快速回换刀点
N095	G00 Z100.0；	G0 Z100		
N100	M03 S320 T0303；	M3 S320 T3		调3号刀具，设定加工参数
N105	G00 X25.0 Z2.0；	G0 X25 Z2	螺纹加工过程图（略）	快速接近螺纹加工起点位置
N110	X22.8；	X22.8		第一刀螺纹加工深度尺寸
N115	G32 Z－13.0 F3.0；	G33 Z－13 K3 SF＝0		螺纹车削第一次进给
N120	G00 X26.0；	G0 X26		横向退刀
N125	Z2.0；	Z2		快速接近螺纹加工起点
N130	X22.1；	X22.1		第二刀螺纹加工深度尺寸
N135	G32 Z－13.0 F3.0；	G33 Z－13 K3 SF＝0		螺纹车削第二次进给
N140	G00 X26.0；	G0 X26		横向退刀
N145	Z2.0；	Z2		快速接近螺纹加工起点
N150	X21.5；	X21.5		第三刀螺纹加工深度尺寸
N155	G32 Z－13.0 F3.0；	G33 Z－13 K3 SF＝0		螺纹车削第三次进给
N160	G00 X26.0；	G0 X26		横向退刀
N165	Z2.0；	Z2		快速接近螺纹加工起点
N170	X21.1；	X21.1		第四刀螺纹加工深度尺寸
N175	G32 Z－13.0 F3.0；	G33 Z－13 K3 SF＝0		螺纹车削第四次进给
N180	G00 X26.0	G0 X26		横向退刀

（续表）

<table>
<tr><th>行号</th><th>FANUC 加工程序</th><th>SIEMENS802s/c 加工程序</th><th>加工图形</th><th>注　释</th></tr>
<tr><td>N185</td><td>Z2.0；</td><td>Z2</td><td rowspan="11">螺纹加工过程图(略)</td><td>快速接近螺纹加工起点</td></tr>
<tr><td>N190</td><td>X20.7；</td><td>X20.7</td><td>螺纹第五刀加工深度尺寸</td></tr>
<tr><td>N195</td><td>G32 Z－13.0 F3.0；</td><td>G33 Z－13 K3 SF=0</td><td>螺纹第五次车削</td></tr>
<tr><td>N200</td><td>G00 X26.0</td><td>G00 X26</td><td>横向退刀</td></tr>
<tr><td>N205</td><td>Z2.0；</td><td>Z2</td><td>快速接近螺纹加工起点</td></tr>
<tr><td>N210</td><td>X20.3；</td><td>X20.3</td><td>螺纹第六刀加工深度尺寸</td></tr>
<tr><td>N215</td><td>G32 Z－13.0 F3.0；</td><td>G33 Z－13 K3 SF=0</td><td>螺纹第六次车削</td></tr>
<tr><td>N220</td><td>G00 X26.0</td><td>G0 X26</td><td>横向退刀</td></tr>
<tr><td>N225</td><td>Z2.0；</td><td>Z2</td><td>快速接近螺纹加工起点</td></tr>
<tr><td>N230</td><td>X20.1；</td><td>X20.1</td><td>螺纹第七刀加工深度尺寸</td></tr>
<tr><td>N235</td><td>G32 Z－13.0 F3.0；</td><td>G33 Z－13 K3 SF=0</td><td>螺纹第七次车削</td></tr>
<tr><td>N240</td><td>G00 X60.0；</td><td>G0 X60</td><td rowspan="2"> 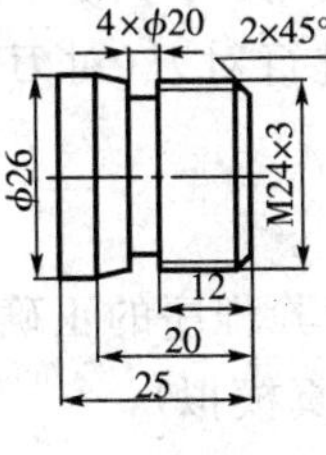4×φ20 2×45° φ26 M24×3 12 20 25</td><td rowspan="2">横向退刀，快速回换刀点</td></tr>
<tr><td>N245</td><td>Z100.0</td><td>Z100</td></tr>
<tr><td>N250</td><td rowspan="2">M30；</td><td>M05</td><td rowspan="2"></td><td>主轴停转</td></tr>
<tr><td>N255</td><td>M02</td><td>程序结束</td></tr>
</table>

编程疑难点

(1) 螺纹光杆直径ϕd计算。为保证螺纹配合时内外螺纹的牙顶配合间隙小,在加工螺纹前,要将螺纹光杆直径加工到ϕd=M－0.12P。如上例中 M24×3 螺纹,加工螺纹光杆直径时取 X23.64(24－0.12×3),N030 句程序。

(2) 螺纹是常见的构件结构。在编制螺纹加工程序的时候,受刀具背吃刀量的影响,考虑螺纹深度,螺纹加工都要分刀才能完成。不同螺距的螺纹深度是不一样的,具体螺距的加工次数见附录 3。

如上例中加工 M24×3 螺纹,查表得螺纹深度为 1.949(取深度 1.95,半径值表示)。加工次数 7 次。每次加对应的螺纹深度分别为 1.2、0.7、0.6、0.4、0.4、0.4、0.2(直径值表示)。在编程时,就要注意每次加工螺纹的切削深度。

(3) 螺纹加工编程格式。

在 FANUC 数控系统中:

第一行:螺纹深度值 X_(直径值表示)

第二行:G32Z_F_;其中 Z 表示螺纹长度加刀具退出长度,F 表示螺纹螺距。如上例程序中 G32Z－13.0F3.0;螺纹实际长度 12mm,刀具退出量 δ=1mm,故编程时螺纹长度为 Z－13。

在 SIEMENS802s/c 数控系统中:

第一行:螺纹深度值 X_(直径值表示)

第二行:G33Z_K_SF=_;其中 Z 表示螺纹长度加刀具退出长度,K 表示螺纹螺距,SF 表示刀具切入角。如上例程序中 G33Z－13.0K3.0;螺纹实际长度 12mm,刀具退出量 δ=1mm,故编程时螺纹长度为 Z－13。SF 的另一作用是进行多头螺纹的加工。当 SF=180 时,表示加工两头螺纹;SF=120 时,表示加工三头螺纹。

螺纹加工的操作步骤

(1) 启动机床,系统上电;

(2) 机床回零;

(3) 装夹刀具和毛坯(装夹刀具时,注意刀具号与程序中的刀具号是否一致);

(4) 对加工用刀具进行对刀(对刀参数设置时刀具号要准确,否则影响加工,严重会导致刀具和工件碰撞);

(5) 输入程序;

(6) 进行图形模拟检验程序的正确性(根据不同系统配置,有的数控系统没有图形模拟功能,可进行数控软件仿真模拟);

(7) 单段、自动运行程序。

螺纹加工的疑难点

(1) 刀具对刀参数界面要正确。

(2) 输入对刀参数值要注意刀具号的准确性。

(3) 量具读数要准确。

(4) 图形模拟时,检查刀具的运行轨迹是否符合工件形状。

(5) 加工中的安全注意事项。

思考与练习

加工图示工件，已知材质为45钢。

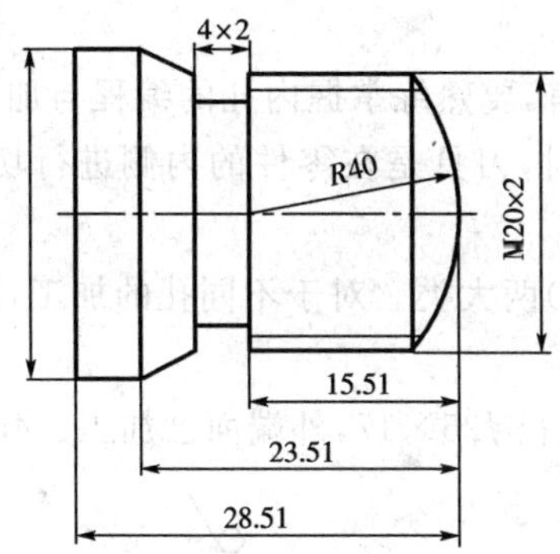

(1) 毛坯直径26mm

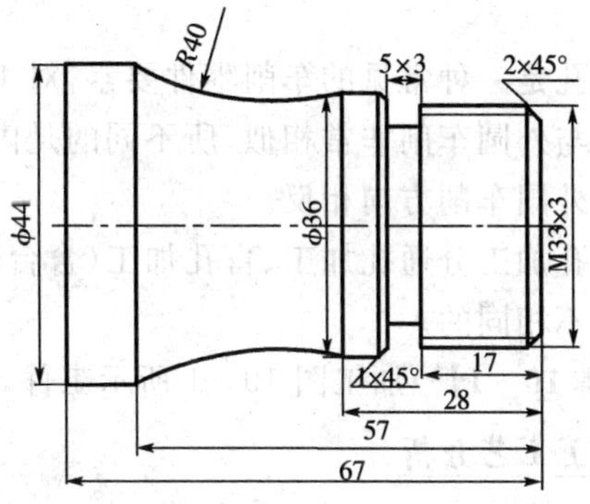

(2) 毛坯直径45mm

第十章 内孔加工

内孔是一种常见的车削零件要素，对于车工而言，要熟练掌握内孔的编程与加工。内孔的车削与外圆车削非常相似，所不同的是内孔车削时，刀具是在零件的内侧进行切削运动，正好与外圆车削方向相反。

内孔加工分通孔加工、盲孔加工（含台阶孔加工）两大类。对于不同孔的加工，所选用的刀具是不相同的。

【例 10-1】 加工图 10-1 所示工件，已预留孔径 φ25×17，外端面已加工。45 钢。

加工工艺分析

此工件是一盲孔件，其尺寸为 φ28×15，其与工件端面有 2×45°倒角。加工时，由于盲孔刀的伸出长度较长，加工中的振动性较大，加工切削深度（背吃刀量）不宜太大，进给速度 f 同样不宜太大。为保证工件的加工精度，根据所用刀具材料以及毛坯的材质，加工中选主轴转速 S 为 500r/min，进给速度 f 为 0.06mm/r～0.10mm/r（30mm/r～50mm/min）。工件预留孔径与加工孔径尺寸相差不大，加工时，可考虑一次完成加工。

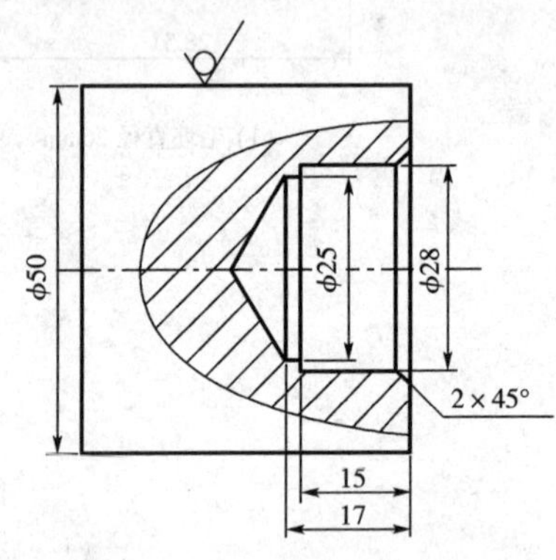

图 10-1 内孔加工

加工重难点分析

内孔加工是在工件上预留底孔基础上进行加工，加工中的直径方向进、退刀和加工外圆时的进、退刀方向相反，否则会导致刀具退刀时在工件内壁摩擦，损坏已加工面，严重的还会导致刀具损坏。

加工步骤分析

内孔加工，就其本质而言，实质上是外圆加工。零件的加工步骤与外圆加工一样。

加工用工具

(1)刀具

加工内孔时所采用的刀具是专门的内孔车刀（镗刀），一般采用标准机夹刀具，刀具的角度均已规定好，刀具材料也能满足工件加工。如无标准机夹刀具，也可采用焊接硬质合金刀具，手工刃磨至适当角度后进行加工。

本题中所用内孔刀具为 T01 号盲孔刀具，刀补号 01。

(2)夹具

本例中的零件总体长度较短，内孔长度不长，在加工时，可直接采用外圆定位，普通自定心三爪卡盘装夹工件。

为使编程与加工方便，将工件右端面中心处作为工件编程原点。

(3)量具

内孔的测量，精度要求不高时可采用游标卡尺，精度比较高时，需要用内径千分表、标准

芯棒测量或检测。

程序编制(见表 10－1,仅供参考)

表 10－1 例 10－1 工件加工程序

行号	FANUC 加工程序	SIEMNENS802s/c 加工程序	注 释
	O1001	SK1001	程序名
N005	M03 S500 T0101;	G54 G94 G90 M3 S500 T1	选用刀具,启动主轴
N006		G158 Z_ X_	原点偏移
N010	G00 X60.0 Z100.0;	G0 X60 Z100	快速到换刀点
N015	G00 X32.0 Z2.0;	G0 X32 Z2	接近工件端面
N020	G01 Z0 F0.08;	G1 Z0 F15	到孔径倒角位置
N025	X28.0 Z－2.0;	X28 Z－2	倒角
N030	Z－15.0;	Z－15	加工内孔
N035	X26.0;	X26	横向退刀(*X* 方向)
N040	G00 Z100.0;	G00 Z100	快速退刀(*Z* 方向)
N045	M30;	M5	主轴停转
N050		M2	程序结束

【例 10－2】 加工图 10－2 所示内螺纹工件。已知毛坯外表面已加工好,内径已钻至 ϕ24mm,45 钢。

加工工艺分析

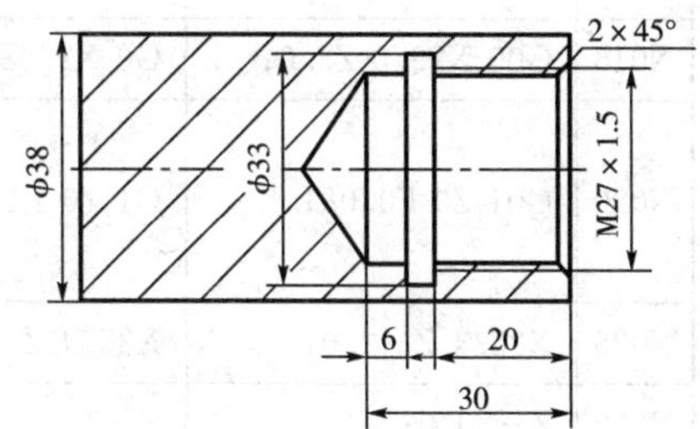

图 10－2 内螺纹加工

内螺纹加工是在内孔加工基础上进行的,为保证内螺纹的加工顺利进行,在加工内螺纹之前,需加工一内退刀槽。加工过程中,所用刀具都是内孔刀,刀杆伸出长,加工振动大,在选择加工参数时,注意主轴转速 *S*、切削深度 a_p、进给速度 *f* 在加工时其数值都不能大,按照加工用刀具材料、工件材质、设备性能等方面进行选择。

参照附录工艺参数选择,在此题中,加工时,转速 *S* 为 500r/min,切深 a_p 为 1mm,进给速度 *f* 为 0.1mm/r(40mm/min)。

为保证工件加工和编程方便,以工件右端面的中心处为编程原点。

加工步骤分析

此工件加工时,已经有预留孔 ϕ24mm,加工步骤安排如下:

(1)内孔刀(镗刀)加工内孔至 ϕ25.4mm,保证内孔直径和长度 30mm。

(2)换内沟槽刀,加工 ϕ30 的内沟槽。

(3)换内螺纹刀，加工 M27 内螺纹。

(4)加工程序结束

加工用工具

(1)刀具

内孔刀具一般使用标准机夹刀具，能满足加工要求；如无标准机夹刀具，也可采用焊接硬质合金刀具，手工刃磨至适当角度后进行加工。

内孔刀 T01，内沟槽刀 T02(刀宽 4mm)，内螺纹刀 T03。

(2)夹具

本例中的零件总体长度较短，内孔长度不长，在加工时，可直接采用外圆定位，普通自定心三爪卡盘装夹工件。

为使编程与加工方便，将工件右端面中心处作为工件编程原点。

(3)量具

螺纹可用外螺栓检测或用螺纹规检测。

程序编制(见表 10－2，仅供参考)

表 10－2　图 10－2 加工程序

行号	FANUC 加工程序	SIEMNENS802s/c 加工程序	加工图形	注　释
	O1002	SK1002		程序名
N005	M03 S500 T0101；	G54 G94 G90 M3 S500T1		选用加工刀具，启动主轴
N006		G158 Z_ X_		原点偏移
N010	G00 X60.0 Z100.0；	G0 X60 Z100		快速到换刀点
N015	G00 X29.0 Z2.0；	G0 X29 Z2		接近工件端面
N020	G01 Z0 F0.08；	G1 Z0 F15	加工内孔至要求	刀具移动到孔径倒角起点位置
N025	X25.4 Z－2.0；	X25.4 Z－2		倒角加工
N030	Z－30.0；	Z－30		加工内孔
N035	X24.0；	X24		横向退刀
N040	Z2.0；	Z2		刀具纵向退刀
N045	G00 X60.0 Z100.0；	G0 X60 Z100	2×45° φ38 φ25.4 30	刀具快速到换刀点，孔径加工结束

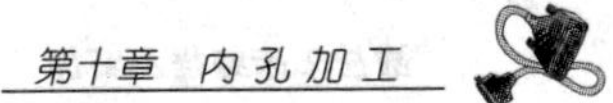

（续表）

行号	FANUC加工程序	SIEMNENS802s/c 加工程序	加工图形	注释
N050	M3 S400 T02;	M3 S400 T2		调换2号刀具
N055	G0 X24.0 Z2.0;	G0 X24 Z2		快速到工件端面
N060	G01 Z-24.0 F0.15;	G1 Z-24 F40		刀具移动到内沟槽加工处
N065	X33.0 F0.08;	X33 F20		加工内沟槽至尺寸要求
N070	G04 X1.0;	G4 F1		槽底暂停1s时间
N075	X24.0 F0.15;	X24 F40		刀具横向退出
N080	Z2.0;	Z2		刀具退出孔径
N085	G00 X60.0 Z100.0;	G0 X60 Z100	2×45° φ38 φ33 φ25.4 6 20	快速到换刀点，内沟槽加工结束
N090	M03 S400 T03;	M3 S400 T3		调换3号刀具
N095	G00 X26.0 Z2.0;	G0 X26 Z2		快速到工件端面
N100	G01 X26.2	G1 X26.2		车刀移到第一刀螺纹加工位置
N105	G32 Z-22.0 F1.5;	G33 Z-22 K1.5 SF=0		第一刀加工螺纹
N110	G01 X25.0;	G1 X25		刀具退出，移动到第二刀螺纹加工尺寸处
N115	Z2.0;	Z2		
N120	X26.8;	X26.8		
N125	G32 Z-22.0 F1.5;	G33 Z-22 K1.5 F=0		第二刀加工螺纹
N130	G01 X25.0;	G1 X25		刀具退出，移动到第三刀螺纹加工尺寸处
N135	Z2.0;	Z2		
N140	X27.2;	X27.2		
N145	G32 Z-22.0 F1.5;	G33 Z-22 K1.5 F=0		第三刀加工螺纹
N150	G01 X25.0;	G1 X25		刀具退出，移动到第四刀螺纹加工尺寸处
N155	Z2.0;	Z2		
N160	X27.36;	X27.36		
N165	G32 Z-22.0 F1.5;	G33 Z-22 K1.5 F=0		第四刀加工螺纹
N170	G01 X25.0;	G1 X25		刀具退出孔径
N175	Z2.0;	Z2		

（续表）

行号	FANUC 加工程序	SIEMNENS802s/c 加工程序	加工图形	注　释
N180	G00 X60.0 Z100.0；	G0 X60 Z100		快速回换刀点
N185	M30；	M30		程序结束

编程疑难点

内孔加工是常见的加工种类，其编程方式与外圆加工一样，要注意的是：

(1)当刀具在孔内加工到长度尺寸要求时，退刀时直径(X)方向要减小，如上例中的 N035 句。对工件进行切削加工时，进刀时直径(X)方向要增大。

(2)内螺纹加工时，注意螺纹底孔直径的计算。底孔直径 ϕd 的计算公式如下：

当螺距 $P<1$mm 时，$\phi d=M-P$；

当螺距 $P>1$mm 时，$\phi d=M-(1.04-1.06)P$。

式中当加工铸铁件等材料时，P 系数值取大；当加工钢件等材料时，P 系数取小。

(3)螺纹加工，同样要查附录，确定螺纹加工深度、加工次数。

内孔加工的操作步骤

(1)启动机床，系统上电。

(2)机床回零。

(3)装夹刀具和毛坯，内孔刀具安装注意刀头能否顺利进出预留孔内，安装刀具时，防止刀具与孔壁相擦。

(4)对加工用刀具进行对刀。

(5)输入程序。

(6)进行图形模拟检验程序的正确性。

(7)单段、自动运行程序。

内孔件加工的疑难点

(1)刀具对刀参数界面要正确。

(2)输入对刀参数值要注意刀具号的准确性。

(3)量具读数要准确。

(4)图形模拟时，检查刀具的运行轨迹是否符合工件形状。

(5)加工中的安全注意事项。

思考与练习

加工下图中的工件，毛坯直径 50mm。

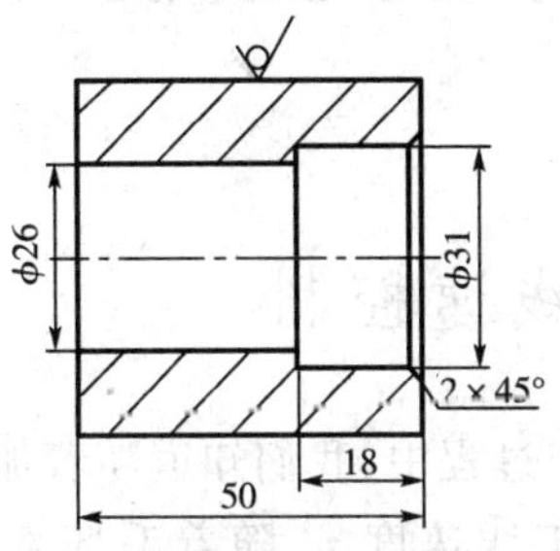

(1) 毛坯预留孔径为 22mm

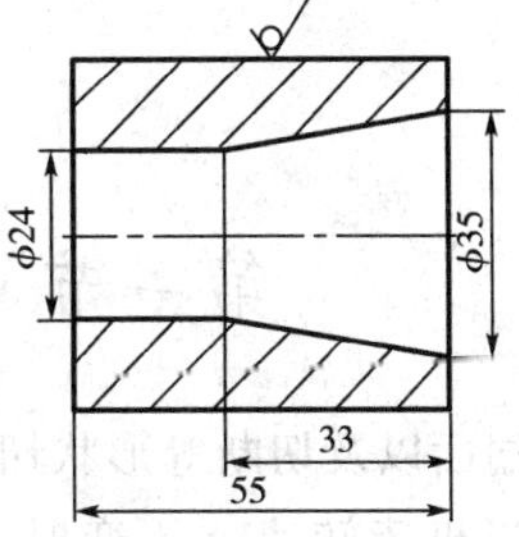

(2) 毛坯预留孔径为 20mm

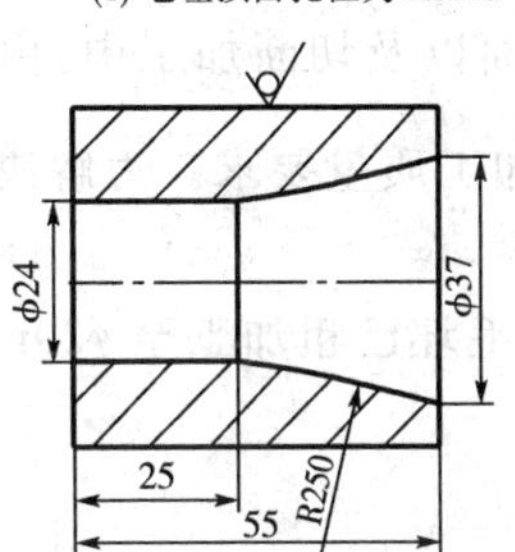

(3) 毛坯预留孔径为 20mm

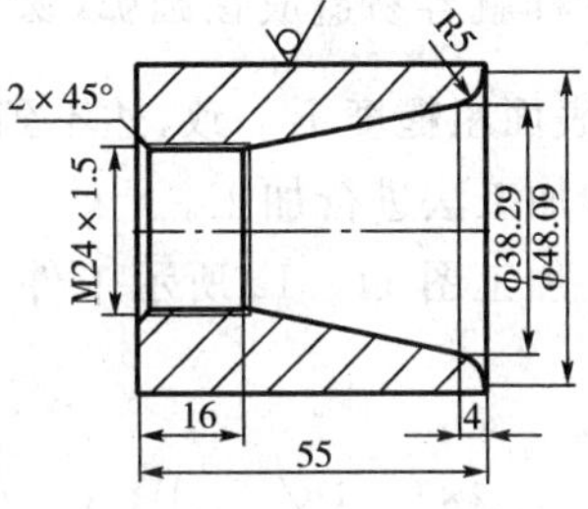

(4) 毛坯预留孔径为 20mm

第十一章 精度控制

第一节 恒线速控制

在圆弧、圆锥、端面以及切断等形状切削加工过程中，我们知道随着加工的进行，毛坯直径 X 会发生变化，当机床转速 n 不变时，则加工线速度 v_c 随着毛坯直径 X 变化而变化 $(v_c=\frac{\pi\times d\times n}{1000})$，这样就容易造成在圆弧、圆锥、端面以及切断加工中，由于加工线速度 Vc 的变化，加工面的表面粗糙度不一致，达不到工件加工质量要求。为解决这个问题，我们可以采用恒线速控制加工法进行加工。

【例 11-1】 加工图 11-1a 所示工件。已知毛坯已粗加工至 ϕ29mm，45 钢。孔径已经钻好（ϕ11mm）。

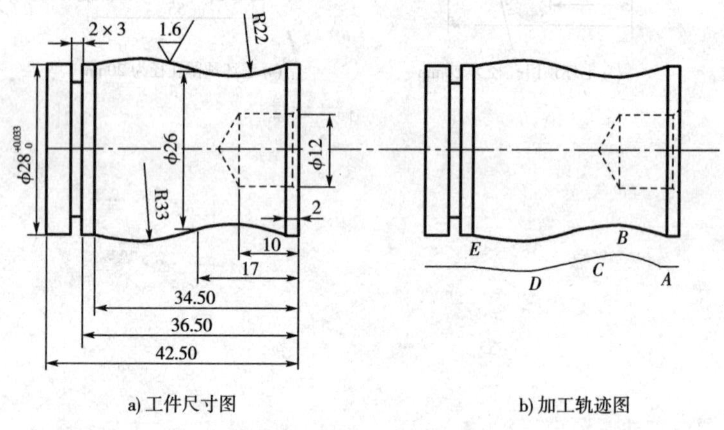

图 11-1 圆弧加工

加工工艺分析

此工件主要由 $R22$ 凹圆弧和 $R33$ 凸圆弧两段圆弧组成，圆弧表面粗糙度为 $R_a1.6\mu m$，凹凸圆弧的起终点尺寸为 $\phi28_0^{+0.033}$。为保证工件的尺寸精度和表面粗糙度，在工件精加工阶段，选 $v_c=110m/min$，由公式 $v_c=\frac{\pi\times d\times n}{1000}$，并结合所用机床，选主轴转速 $n=1000r/min$，$f=0.05mm/r(50mm/min)$。

工件剩余量一次加工完成。

取工件的右端面的中心为工件坐标系的原点。

工艺难点分析

在加工 A 段至 B 段凹圆弧时，径向尺寸 X 逐渐减小，到达 B 点时，径向尺寸为最小值，v_c 值最小；加工 B 段至 C 段凹圆弧时，径向尺寸 X 逐渐增大，v_c 随之增大。

同样，在加工 CD 段凸圆弧时，径向尺寸 X 逐渐增大，到达 D 点时，v_c 值为最大值；加工 DE 段圆弧时，径向尺寸 X 逐渐减小，v_c 随之减小。这样在圆弧加工时，v_c 值是变化不停的，就很难保证 $R_a1.6$ 的表面粗糙度。

为保证 R_a 的表面粗糙度，就要在程序中加入恒线速控制程序。

加工步骤分析

加工中，先安排圆弧加工，再安排 2×3 沟槽加工，最后安排内孔加工。

加工用工具

(1)刀具

考虑数控机床的刀具耐用度以及加工零件的一致性，一般采用标准机夹刀具，刀具的主负偏角都已规定好，刀片材料也能满足工件加工，方便加工，减少加工辅助时间。如无标准机夹刀具，也可采用焊接刀具(主偏角 $k_r90°$)进行外圆工件加工。

本题中，外圆刀 T1，切断刀 T2(刀宽 2mm)，镗孔刀 T3。

(2)夹具

由于工件是一个实心轴，轴的长度比较短，故采用工件的左端面和 $\phi29$ 的外圆作为定位基准。使用普通三爪自定心卡盘夹紧工件。

(3) 量具

尺寸精度不高时采用 150×0.02mm 游标卡尺测量；精度较高时，使用相应量程的千分尺测量。圆弧用圆弧卡规检测。

程序编制(见表 11-1，仅供参考)

表 11-1 例 11-1 工件加工程序

行号	FANUC 加工程序	SIEMENS802s/c 加工程序	注 释
	O1101	SK1101	程序名
N005	G50 S1200 T0101;	G54 G90 G94 M3 S600 T1	FANUC 数控程序开始设置限制最高主轴转速为 1200 r/min，并调用 01 号刀具；SIEMENS802s/c 数控程序中，启动机床主轴，600r/min，调用 1 号加工刀具
N006		G158 Z_ X_	SIEMENS802s/c 原点偏移
N010	G96 S110 M03 F0.05;	G96 S110 LIMS=1200 F0.05	设定恒切削速度 110m/min，主轴正转，采用 mm/r 单位进给
N015	G00 X30.0 Z0;	G0 X30 Z0	刀具快速移动到工件端面处
N020	G01 X10;	G1 X10	加工端面(由于有预留孔，端面加工到 $\phi10$ 就行)
N025	G00 X28.017 Z2.0;	X28.017 Z2	退刀到外圆加工位置(注意不要横向移动刀具，防止刀具将已精加工端面拉毛，降低表面粗糙度)
N030	G01 Z-2.0;	G1 Z-2	加工外圆

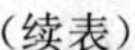
（续表）

行号	FANUC 加工程序	SIEMENS802s/c 加工程序	注　释
N035	G02 X26.0 Z－17.0 R22.0；	G2 X26 Z－17 CR＝22	加工 $R22$ 凹圆弧
N040	G03 X28.017 Z－34.5 R33.0；	G3 X28.017 Z－34.5 CR＝33	加工 $R33$ 凸圆弧
N045	G01 Z－42.5；	G1 Z－42.5	继续加工外圆
N050	X30.0；	X30	横向退刀
N055	G00 Z100.0；	G0 Z100	快速回到换刀点（固定点）
N060	T0202；	T02	调 2 号刀具
N065	G97 S400 M03；	G97 S400 M3	取消恒线速加工，设定主轴转速 400r/min
N070	G00 X30.0 Z－38.5；	G0 X30 Z－38.5	刀具快速移动到切槽处
N075	G01 X22.0 F0.05；	G1 X22 F20	加工沟槽
N076	G04 X1.0；	G4 F1	槽底暂停 1s
N080	X30.0；	X30	横向退刀
N085	G00 Z100.0；	G0 Z100	快速回到换刀点
N090	T0303 M08；	T3 M08	换 0303 镗孔刀，冷却液开
N095	G97 S500 M03；	G97 S500 M03	取消恒线速加工，以转速 500r/min 进行孔加工，主轴正转
N100	G00 X30.0 Z2.0；	G0 X30 Z2	快速移动到工件端面处
N105	X14.0；	X14	到内孔倒角开始（X14）处
N110	G01 Z0.0 F0.1；	G1 Z0 F40	内孔倒角开始（Z0）处
N115	X12.0 Z－1.0；	X12 Z－1	进行内孔倒角
N120	Z－10.0；	Z－10	加工内孔
N125	X10.0；	X10	刀具横向退刀
N130	G00 Z100.0；	G0 Z100	快速回到换刀点
N135	X50.0；	X50	
N140	M30；	M5 M2	程序结束

编程疑难点

（1）只有在加工过程中，径向尺寸变化导致切削线速度 v_c 随之发生变化时，如加工端面，圆锥、圆弧等形状或切断工件时，为保证工件的表面粗糙度一致，可采用恒线速控制技术进行加工。

（2）由于加工中径向尺寸（直径）减小，又要保持恒线速加工，根据公式 $v_c=\frac{\pi\times d\times n}{1000}$知，只有增大主轴转速 n 才能保持恒线速，当工件直径减小量特别大时，有可能导致主轴转速 n 特别大，超出数控机床允许主轴转速范围，发生设备事故，故在程序中需要设置最高转速，以

防发生事故。

在 FANUC 系统中：

主轴最高转速用程序 G50S××设置，S××后单位是 r/min，表示转速。

恒线速用程序 G96S××表示，S××后单位是 m/min，表示线速度。

在编制程序时，G50S××G96S××必须用两行编写。

例如：N100 G50 S1200　　表示主轴最高转速设定为 1200r/min。

　　N105 G96 S120　　表示恒线速为 120m/min。

在 SIEMENS 系统中：

主轴最高转速用 LIMS＝××表示，单位是 r/min。

恒线速用程序 G96S××表示，S××后单位是 m/min，表示线速度。

程序编制时，用一行表示：G96 S×× LIMS＝××。

例如：G96 S120 LIMS＝1200 表示恒线速为 120m/min，主轴最高转速设定为 1200r/min。

恒线速控制程序以及最高转速控制程序都要放在需要加工程序之前。

(3)不管哪种数控系统，在应用恒线速加工时，其加工进给速度 F 一定是 mm/r，编程时，不要弄错，如果写成 mm/min 单位。则会导致刀具快速在工件上加工，反而使工件表面粗糙度降低，严重的会导致刀具或工件损坏。

(4)在工件加工过程中，径向尺寸不发生变化就不需要恒线速控制加工，此时再加工时，就不能用恒线速主轴转速加工了，可用 G97 S×× M××来取消恒线速控制，重新设定主轴转速以及主轴转向。当碰到下列几种情况时，就不需要恒线速切削：

①等直径加工。如单一尺寸的内孔径加工。

②切断及沟槽加工。虽然随着加工的进行，工件直径值减小，但相应主轴转速增大，反而使工件表面粗糙度增大，严重时可使切断刀刀尖损坏。

③螺纹加工。螺纹加工中要防止出现乱扣现象。

在以上这几种情况下加工工件时，注意 G97 的使用。

例如：G97 S600 M03 表示取消恒线速(G97)，主轴顺时针转动(M03)，加工时主轴转速 600r/min(S600)。

(5)当工件尺寸带有偏差时，编程中，精加工程序的相关尺寸要编写为该尺寸公差值的一半。如上例中的 $\phi28_{0}^{+0.033}$mm，编程时写为 X28.017mm。

第二节　刀具补偿功能相关知识

刀具补偿分为刀具位置补偿和刀尖半径补偿两类。

1. 刀具位置补偿

在机床坐标系中的 X、Z 坐标值是刀架左侧中心相对机床原点的距离；在工件坐标系中的 X、Z 坐标值是车刀刀尖(刀尖点)相对工件原点的距离。加工时，数控系统控制着刀尖的运动轨迹。此时需要进行刀具位置补偿。

刀具位置补偿包括刀具几何尺寸补偿和刀具磨损补偿，几何尺寸补偿用于补偿刀具形状或刀具附件位置上的偏差，磨损补偿用于刀尖的磨损补偿。

由于在加工过程中，只能把一把刀具作为基准刀具，以该刀尖位置设定工件坐标系，当其他刀具转到加工位置时，两把刀尖位置必然存在偏差量，利用刀具几何尺寸补偿功能进行偏差量补偿。通过试切或其他测量方法将偏差补偿量存入刀具补偿存储器中。在 FANUC 系统中，用刀具功能指令 T××××中后两位数字表示，如 T0101 表示 01 号刀具，01 号刀补；在 SIEMENS 系统中，用刀具功能指令 T×D×中的 D×表示，如不写 D×则系统默认为 D1 刀补，如写成 T0100 或 T1D0 则表示取消刀补。

在加工过程中，刀具不可避免存在磨损量，将会造成加工尺寸误差，此时进行刀具磨损补偿，如下图 11-2 所示（a 图表示 FANUC 系统，b 图表示 SIEMENS802s/c 系统）。

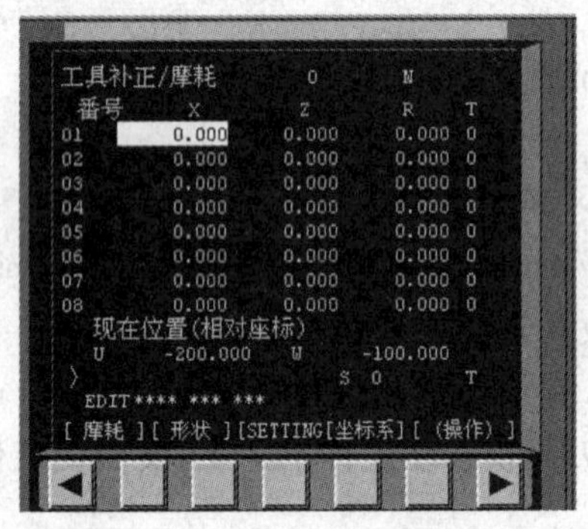

a)FANUC 系统

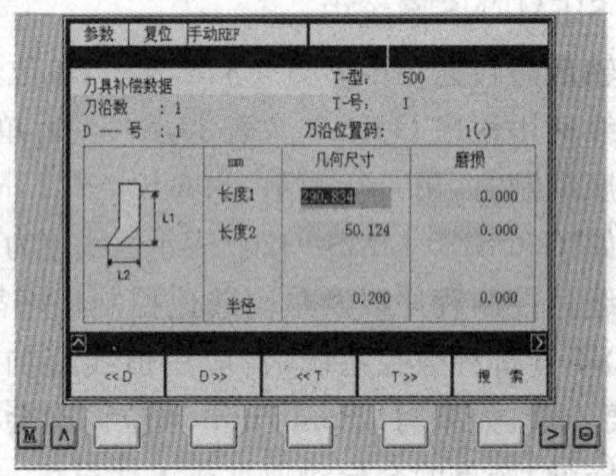

b)SIEMENS802s/c 系统

图 11-2　刀具磨损补偿界面

刀具磨损补偿在程序中一般放在粗加工程序之后，通过程序停止（M00/M01）指令，使主轴停止转动，测量工件粗加工后的尺寸，结合程序中设定工件尺寸，将刀尖磨损值输入到数控系统相应的刀具号中（SIEMENS802s/c 系统中，长度 1 表示 X 方向的磨损量，长度 2 表示 Z 方向的磨损量），然后再进行精加工程序进行加工。

2. 刀尖半径补偿

数控编程时，将车刀刀尖看成是一个点，按照工件的实际轮廓编制加工程序。但实际上，为保证刀尖有足够的强度和提高刀具使用寿命，车刀的刀尖都做成一个半径不大的圆弧。粗加工刀具的圆弧半径 R 为 0.8mm；精加工刀具圆弧半径 R 为 0.4mm 和 0.2mm。在加工时，系统控制刀尖点的运动轨迹进行加工，实际上，进行加工的是刀尖圆弧上的各个切点（图 11-3 所示）。

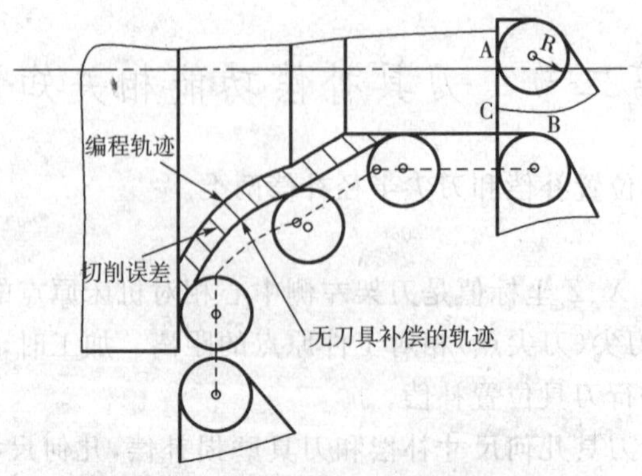

图 11-3　刀具圆弧半径对加工精度影响

分析：

(1)在加工端面时，刀尖的切点 A 与端面切入点 C 的 Z 坐标值相同，加工外圆时，刀尖切点 B 与外圆切入点 C 的 X 坐标值相同，因此在端面与外圆加工中，工件的轮廓没有形状误差和尺寸误差。

(2)在加工圆弧、圆锥时，刀具运动过程中与工件接触的各切点轨迹为图中所示的无刀具补偿时的轨迹，该轨迹与编程轨迹之间存在的阴影部分为加工切削误差，直接影响工件的加工精度，刀尖圆弧半径越大，则切削误差也越大。此时在加工中就要进行刀尖半径补偿。

(3)刀尖半径补偿参数的输入：

补偿参数也输入到刀具补偿存储其中。加工中系统会自动进行刀尖半径补偿。

(4)刀尖半径补偿指令及使用：

实际加工中，一般数控装置都有刀具半径补偿功能，为程序编制提供方便。具有半径补偿功能的数控机床，编程时不必计算刀具中心的运动轨迹，只按零件轮廓编程即可。

G41 为刀尖半径左补偿，即沿刀具的运动方向看刀具位于工件轮廓左侧时的半径补偿。G42 为刀尖半径右补偿，即沿刀具的运动方向看刀具位于工件轮廓右侧时的半径补偿。

在前置刀架数控机床设备中，当刀具从右向左进行加工时，我们把其定为是刀尖半径右补偿 G42；反之，当刀具自左向右加工时，定为是刀尖半径左补偿 G41。

在后置刀架数控机床设备中，G41/G42 的方向判断与之相反。

(5)注意事项：

① 加工工件右端面和切断时，不需要刀具半径补偿。

② 刀具具有刀补号后刀具半径补偿才有效，就是说只有在数控系统参数中设置了刀尖半径值，才可以进行刀具半径补偿。

③ 只有在线性插补(G01/G00)情况下才可以建立刀具半径补偿(G41/G42)；同样也只有在线性插补(G01/G00)情况下才可以取消刀具半径补偿(G40)。

思考与练习

编写下图工件程序并进行加工。

要求：工件外表面除已有技术要求，其余表面粗糙度均为 $R_a 3.2\mu m$。

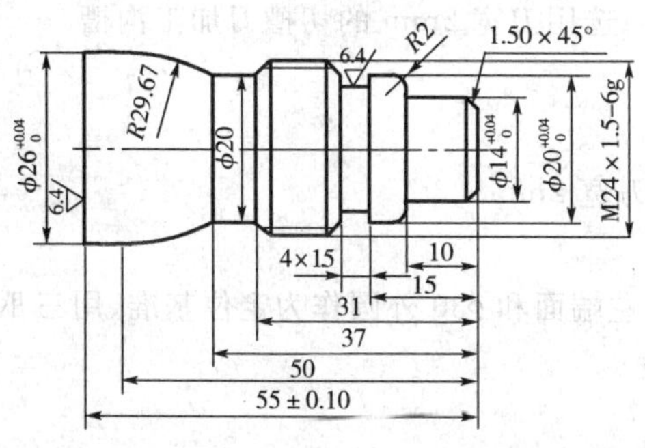

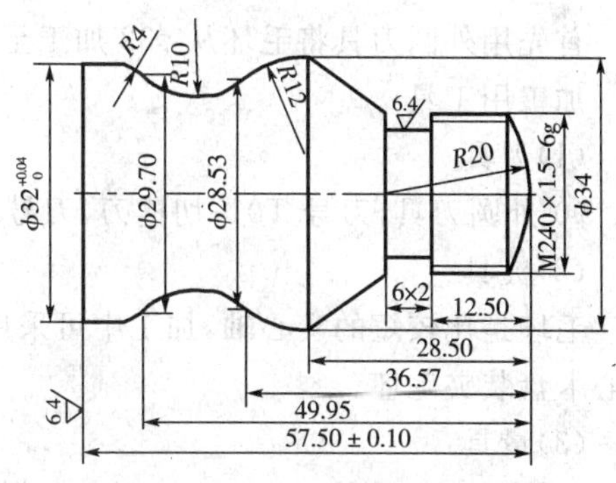

第十二章 子程序与循环加工

第一节 子程序

【例 12-1】 加工图 12-1 所示的工件，毛坯尺寸 ϕ32×85mm，45 钢。

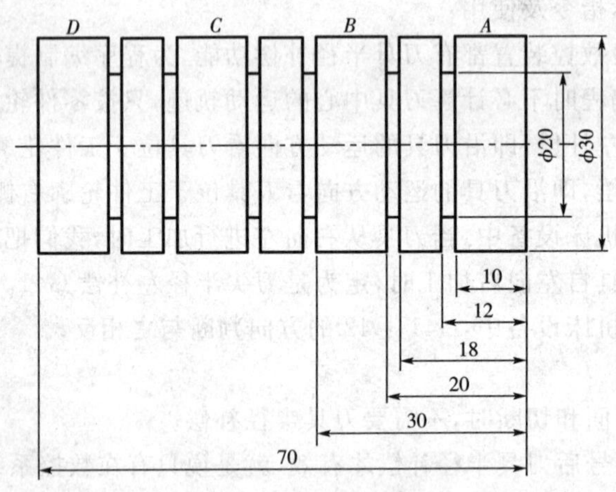

图 12-1 变距沟槽加工

加工工艺分析

工件主要由 6 个沟槽组成，每个沟槽的深度都一样(5mm)，宽度也一样(2mm)，但每个槽距不一样，经过分析，可以将此零件看成 *AB*、*BC*、*CD* 三个部分，每部分有两个沟槽，尺寸一致。可以用子程序编程加工。

取工件的右端面的中心为工件坐标系的原点。

加工步骤分析

首先用外圆刀具将毛坯从 ϕ32 加工至 ϕ30，后选用刀宽 2mm 的切槽刀加工沟槽。

加工用工具

(1)刀具

90°外圆刀具，刀号 T01；切槽刀，刀号 T02，刀宽 2mm.

(2)夹具

毛坯是比较短的实心轴，加工中可采用毛坯左端面和 ϕ30 外圆作为定位基准，用三爪自定心卡盘装夹毛坯。

(3)量具

精度不是很高时，用 150×0.02mm 游标卡尺检测，精度较高时，用外径千分尺检测。

程序编制(见表 12-1，仅供参考)

表 12－1　例 12－1 工件加工程序

行号	FANUC 加工主程序	SIEMENS802s/c 加工程序	注释
	O1201	SK1201	主程序名
N0005	M03 S600 T01；	G54 G94 G90 M3 S600 T1	主轴顺时针 600r/min 转动，一号刀具
N0006		G158 Z_ X_	SIEMENS802s/c 数控系统中原点偏置
N0010	G00 X50.0 Z80.0；	G0 X50 Z80	刀具快速移动至换刀点(固定点)
N0015	X35.0 Z2.0	X35 Z2	接近工件端面处
N0016	Z0；	Z0	SIEMENS802s/c 数控系统中加工端面
N0017	G01 X0 F0.1；	G1 X0 F40	
N0020	X30.0；	X30 F200	工件切入点
N0025	G01 Z－74.0 F0.15；	G1 Z－74 F80	以 0.15min/r 速度加工 $\phi30$ 外圆
N0030	G00 X50.0 Z80.0；	G0 X50 Z80	快速退刀
N0035	M03 S450 T02；	M3 S450 T2	换切槽刀 T03，转速 450r/min
N0040	G00 X32.0 Z0；	G0 X32 Z0	快速移到切槽点 *A*
N0045	M98 P1202 L3；	L1202 P3	调用 1202 号子程序三次
N0050	G00 X50.0 Z80.0；	G90 G0 X50 Z80	快速回到固定点
N0055	M30；	M30	主程序结束
	O1202；	L1202	子程序名
N1001	G00 W－12.0；	G91	在切槽点 *A*(G00 X32.0 Z0)处，刀具增量(*Z* 向)移动 12mm
N1005		G0 Z－12	
N1010	G01 U－12.0 F0.1；	G1 X－12 F40	以 0.1mm/r 速度加工工件右端第一个沟槽(槽深 5mm)
N1015	G04 X2.0；	G4 F2	沟底暂停 2s
N1020	G01 U12.0 F0.4；	G1 X12 F200	以 0.4mm/r 速度退出沟槽
N1025	W－8.0；	Z－8	*Z* 向增量移动 8mm
N1030	G01 U－12.0 F0.1；	G1 X－12 F40	加工工件右端第二个沟槽
N1035	G04 X2.0；	G04 F2	沟底暂停 2s
N1040	G01 U12.0 F0.4；	G1 X12 F200	退出沟槽
N1045	M99；	M17	子程序结束

编程疑难点

(1)子程序用于重复加工的地方。

(2)子程序编程格式可为增量编程方式。

增量编程中的坐标值都是相对于前一点坐标值计算而来。所以在子程序编程前首先要将加工刀具的起点位置(坐标值)固定好,作为增量编程的起点坐标(如上例中的N0040句)。

(3)子程序中各坐标点增量计算方法。

在FANUC系统中:

*Z*方向的增量方式为W××,其中××为两点间坐标的纵向实际距离。

*X*方向的增量方式为U××,其中××为两点间坐标的直径距离。

W、*U*的方向判断与*Z*、*X*的方向判断一致。

如上例中的沟槽加工,编程时的刀具的起点位置*A*为X32.0Z0,也就是说将X32 Z0作为测量基准点。工件右端面第一个沟槽离工件端面10mm,切槽刀刀宽2mm,则沟槽加工位置为(10+2)12mm,程序为W-12.0;沟槽深度为($\frac{30-20}{2}$)5mm,编程时,*X*方向用直径表示。注意,此时的径向距离应从测量基准点算起。本例中测量基准点为X32,则从基准点到沟槽底部的距离为($\frac{32-20}{2}$)6mm,程序为U-12.0。

在SIEMENS802s/c系统中:

增量编程用G91表示。G91可以是单独一行。各点坐标值还是用*X*、*Z*表示。

注意:G91属模态有效,即使子程序加工结束转入主程序,如不用G90代替,则主程序还是增量编程。

(4)子程序的命名、调用及结束程序。

子程序和主程序是两个独立的程序,只有在加工使用过程中,由主程序通过调用,才可以使子程序进行加工。

在FANUC系统中:

①子程序的命名与主程序的命名方式一样,都是O××××表示。

②子程序的结束用M99表示。M99必须单独一行。

③子程序的调用采用M98P××××L××××格式。其中P××××后的数字为子程序名,L××××表示调用子程序加工次数。

如上例中的M98 P1011 L3表示调用名为O1011的子程序加工3次。

在SIEMENS802s/c系统中:

①子程序的命名用字母加数字或字母表示,其位数不能超过8位。

②子程序的结束可用M17、M02或RET程序表示。M17、M2或RET也必须单独一行。

③子程序的调用采用L××××P××××格式。其中L××××表示子程序名,P××××表示调用次数。

如上例中的L1011P3表示调用名为L1011的子程序3次;MWERT45P4表示调用名为MWERT45的子程序4次。

子程序加工操作

(1)启动数控车床。

(2)数控车床回零。

(3)装夹刀具和毛坯。

(4)对加工用刀具进行对刀。

(5)输入程序,注意有两个程序,一是主程序,另一是子程序。子程序不能直接跟在主程序后,必须是独立的程序段。

(6)进行图形模拟(根据不同系统配置,有的数控系统没有图形模拟功能,可进行数控软件仿真模拟)。

(7)单段、自动运行加工。

子程序加工疑难点

(1)刀具对刀参数界面要正确。

(2)输入对刀参数值要注意刀具号的准确性。

(3)量具读数要准确。

(4)图形模拟时,检查刀具的运行轨迹是否符合工件形状。

(5)加工中的安全注意事项。

第二节 循环程序应用

循环程序实际上是子程序的具体应用。当零件的直径相差较大时或多次重复加工某一形状时(如螺纹加工),这时在数控系统中,将需要进行多次加工的形状做成一循环程序方便加工。既可保证程序加工的连续性,又减少了刀具空行程时间。

【例 12-2】 加工图 12-2 所示工件,已知毛坯尺寸 $\phi38\times95$,45 钢。

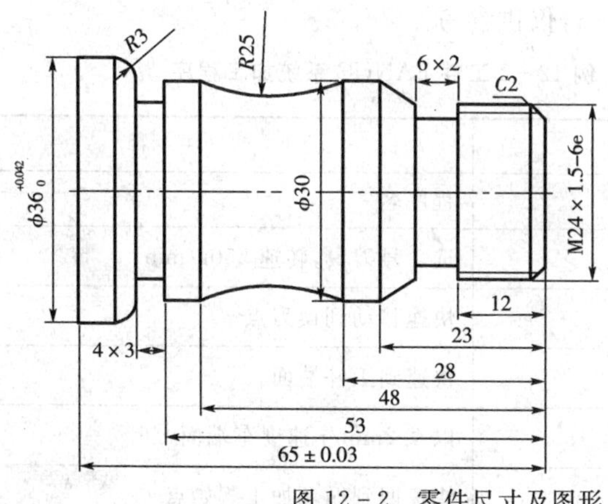

图 12-2 零件尺寸及图形

加工工艺分析

此工件是一较全面的组合体零件,包含了外圆、凹凸圆弧、沟槽、螺纹等基本要素。整个零件的尺寸相差不大,是一实心轴,长度较短。圆弧与外圆的表面粗糙度为 $R_a1.6\mu m$,沟槽及切断面处的表面粗糙度为 $R_a3.2\mu m$,螺纹加工精度为 $6e$。最大直径处尺寸 $\phi36$mm,为此,整个工件加工时,分粗精加工过程。粗加工时,为提高生产效率,外圆刀具取切削深 $a_p=2$mm,进给量 $f=0.2$mm/r,切削速度 $v_c=70$m/min,经过换算主轴转速 $n=\dfrac{1000\times v_c}{\pi\times D}=$

557r/min。编程时取 S550r/min。精加工时，切深 0.2mm，进给量 0.1mm/r，切削速度 120m/min，主轴转速 1000 r/min。切断与沟槽加工时，主轴转速为 400r/min，进给速度 20mm/min。螺纹加工时，取主轴转速 600r/min。

取工件的右端面的中心为工件坐标系的原点。

加工步骤分析

粗加工，用外圆刀将工件的整体轮廓加工出来，给精加工留 0.2mm 的精加工余量；经刀具补偿之后，进行精加工，将工件外形加工完成。换切槽刀，加工两个沟槽。最后换螺纹刀，加工 M24 的细牙螺纹。为使加工程序简化，外形和螺纹加工时，采用循环编程。

编程时，取工件的右端面的中心为工件坐标系的原点。

加工用工具

(1)刀具

T01 刀具：91°加工外圆偏刀。

T02 刀具：刀宽 4mm 切槽刀；

T03 刀具：60°外螺纹刀。

(2)夹具

由于工件是一个实心轴，轴的长度比较短，故采用工件的左端面和 $\phi38$ 的外圆作为定位基准。使用普通三爪自定心卡盘夹紧工件。

(3)量具

外圆和长度可采用 150×0.02mm 游标卡尺或使用相应量程的千分尺测量。圆弧样板检测圆弧；螺纹规检测螺纹。

程序编制（见表 12-2、表 12-3，仅供参考）

表 12-2　例 12-2 工件 FANUC 系统加工程序

行号	程　序	注　释
	O1203	程序名
N005	M03 S550 T0101；	选 1 号刀具，转速 550r/min
N010	G00 X50.0 Z80.0；	快速移动到换刀点
N015	G00 X40.0 Z0；	快速到工件端面
N020	G01 X0 F0.2；	以 0.2mm/r 速度车端面
N025	G00 X40.0 Z2.0；	快速回到循环加工起始点
N030	G71 U2.0 R1.0；	外圆粗车循环(G71)，每次切深 2mm，退刀量 1mm
N035	G71 P040 Q045 U0.2 W0.25 F0.2；	循环从 040 行程序开始到 045 行程序结束，*X* 轴精车余量 0.2mm，*Z* 方向精车余量 0.25mm.
N040	G00 G42 X20.0；	刀具移动到工件右端面倒角起点尺寸，并进行刀尖半径补偿(必须在 G00/G01 状态下才能建立刀补)

（续表）

行号	程 序	注 释
	G01 Z0 F0.1；	
	X23.8 Z-2.0；	进行 C2 倒角
	Z-18.0；	加工螺纹外径长度
	X30.0 Z-23.0；	加工圆锥
	Z-28.0；	加工外圆
	G02 X30.0 Z-48.0 R25.0；	加工 R25 凹圆弧
	G01 Z-57.0；	加工直径 30 外圆(含 4×3 槽段)
	G03 X36.021 Z-60.0 R3.0；	加工 R3 凸圆弧
	G01 Z-65.0；	加工外圆
N045	G01 G40 X40.0；	取消刀补(必须在 G00/G01 状态下才能取消刀补)
N050	G00 Z80.0；	快速退刀
N055	M01；	程序暂停，进行工件检测，刀具磨损补偿量
N065	G50 S1200 M03；	设置主轴最高转速 1200r/min
N070	G96 S120；	设定恒线速 120m/min
N075	G70 P040 Q045；	外圆精车循环
N080	G00 X50.0 Z80.0；	快速回换刀点
N085	G97 S400 M03 T0202；	取消恒线速度，设定转速 400r/min，调切槽刀
N090	G00 X26.0 Z-16.0；	快速到 6×2 槽的加工位置
N095	G01 X20.5 F0.05；	粗加工槽，留 0.5mm 余量
N100	X26.0；	退刀
N105	Z-18.0；	到工件右端槽的终点尺寸
N110	X20.0；	加工槽深
N115	G04 X1.0；	槽底暂停 1s
N120	Z-16.0；	精加工槽底
N125	X32.0 F0.1；	退刀
N130	G00 Z-57.0；	到工件左端 4×3 槽尺寸
N135	G01 X24.0 F0.05；	加工槽
N140	G04 X1.0；	槽底暂停
N145	X38.0 F0.2；	退刀
N150	G00 Z100.0；	回换刀点
N155	M01；	程序暂停，检测槽尺寸

（续表）

行号	程序	注释
N160	G97 S600 M03 T0303；	主轴转速 600r/min，调螺纹刀
N165	G00 X25.0 Z1.0；	快速到螺纹加工起点位置
N170	G92 X23.2 Z－12.0 F1.5；	螺纹加工第一刀，螺距 1.5mm
	X22.6；	螺纹加工第二刀
	X22.2；	螺纹加工第三刀
	X22.04；	螺纹加工第四刀
	X22.04；	螺纹光刀
N175	G00 X50.0 Z100.0；	快速回换刀点
N180	M01；	程序暂停，检测螺纹尺寸
N185	G97 S400 M03 T0202；	设定转速 400r/min，调切槽刀
N190	G00 X40.0 Z－69.0；	快速到切断处
N195	G01 X0 F0.05；	切断工件
N200	G00 X50.0 Z100.0；	回换刀点
N205	M30；	程序结束

表 12－3　例 12－2 工件 SIEMENS802s/c 系统加工程序

行号	程　序	注　释
	SK1203	主程序名
N005	G54 G94 G90 M03 S550 T1	选 1 号刀具，转速 550r/min
N010	G158 Z_ X_	原点偏移
N015	G00 X40 Z0	快速到工件端面
N020	G01 X0 F80	以 80min/mm 速度车端面
N025	G00 X40.0 Z2	快速回到循环加工起始点
N030	_CNAME＝"L1203"	轮廓循环子程序定义
	R105＝1	加工方式：纵向、外部、粗加工
	R106＝0.2	精加工余量 0.2mm（半径）
	R108＝2	切深 2mm
	R109＝7	粗加工切入角 7°
	R110＝2	粗加工横向退刀量 2mm
	R111＝100	粗加工进给率 100mm/min
	LCYC95	调用轮廓循环

（续表）

行号	程 序	注 释
/N035	M05	程序暂停，进行工件检测，刀具磨损补偿量修调
/N040	M00	
N045	G94 G90 M03 S800 T1 D1	主轴变速，调整刀补
N050	G00 G42 X24 Z2	刀尖半径右补偿，刀具快速移动到精加工循环起点位置
N055	G96 S120 LIMS=1200 F0.05	限定最高转速 1200r/min，恒线速 120m/min
N060	L1203	调用子程序 L1203 精加工
N065	G00 X30	刀具移动到凹圆弧加工起点
N070	G01 Z-28 F50	
N075	G02 X30 Z-48 CR=25	加工凹圆弧
N080	G94 G40 G00 X50 Z80	取消刀补，快速退刀
/N085	M05	程序暂停，检测工件
/N090	M00	
N095	G97 S400 M03 T2 D1	转速 400r/min，调切槽刀
N100	G00 X26 Z-16	快速到槽的加工位置
N105	G01 X20.5 F20	粗加工槽，留 0.5mm 余量
N110	X26	退刀
N115	Z-18	到工件右端槽的终点尺寸
N120	X20	加工槽深
N125	G04 F1	槽底暂停 1s
N130	Z-16 F10	精加工槽底
N135	X32 F50	退刀
N140	G00 Z-57	到工件左端槽尺寸
N145	G01 X24 F20	加工槽
N150	G04 F1	槽底暂停
N155	X38 F50	退刀
N160	G00 Z100	回换刀点
/N165	M05	程序暂停，检测槽尺寸
/N170	M00	
N175	G97 S600 M03 T3 D1	设定转速 600r/min，调螺纹刀
N180	G00 X25 Z1	快速到螺纹加工起点位置
	R100=24	螺纹起点直径 24mm

行号	程　序	注　释
	R101=1	螺纹轴向起点 Z 坐标
	R102=24	螺纹终点直径 24mm
	R103=-12	螺纹轴向终点 Z 坐标(螺纹长度)
	R104=1.5	螺距 1.5mm
	R105=1	螺纹加工类型,外螺纹 1
	R106=0.05	螺纹精加工余量 0.05mm(半径)
	R109=4	空刀导入量 4mm
	R110=3	空刀导出量 3mm
	R111=0.97	螺纹深度 0.93mm(半径)
	R112=0	螺纹起始点偏移
	R113=8	螺纹粗加工次数 8 次
	R114=1	螺纹头数,单线螺纹
	LCYC97	调用螺纹循环
N185	G00 X50 Z100	快速回换刀点
/N190	M05	程序暂停,检测螺纹尺寸
/N195	M00	
N200	G97 S400 M03 T3 D1	设定转速 400r/min,调切槽刀
N205	G00 X40 Z-69	快速到切断处
N210	G01 X0 F15	切断工件
N215	G00 X50 Z100	回换刀点
N220	M05 M02	主轴停转,程序结束
	L1203	子程序名
N1001	G1 X20 Z0	工件右端倒角起点尺寸
N1002	X23.8 Z-2	加工 *C*2 倒角
N1003	Z-18	加工螺纹长度
N1004	X30 Z-23	加工圆锥
N1005	Z-57	加工外圆
N1006	G3 X36 Z-60 CR=3	加工圆弧
N1007	G1 Z-69	加工外圆
N1008	X40	退刀
N1009	M17	子程序结束

编程疑难点

(1)循环类别

FANUC 系统：

FANUC 系统主要提供了单一固定循环和复合固定循环以及螺纹切削循环三大类循环格式。

①单一固定循环　主要是外圆切削循环 G90 和端面切削循环 G94 两类。循环中用一个程序段指令包括了“切入－切削－退刀－返回”四个动作。主要用于零件毛坯余量较大或直接用棒料毛坯进行精车前的粗车，切除毛坯的大部分余量。但在实际生产中，其加工方式已逐渐被复合固定循环所代替。

②复合固定循环　是外圆(内孔)粗车循环 G71、精车循环 G70、端面粗车循环 G72、固定形状粗车循环 G73 等四种形式。其中 G70 循环在程序中不单独使用，必须和 G71/G72/G73 配合使用。就使用情况而言，最常用的是 G71/G73 循环指令。

● G71 编程格式

G71 U(△d)R(e)；

G71 P(ns)Q(nf)U±(△u)W±(△w)F_S_；

式中：△d——粗加工每次被吃刀量(切削深度)，半径值；

e——退刀量，模态有效；

ns——程序循环开始行号(顺序号)；

nf——程序循环结束行号(顺序号)；

△u——X 方向预留精车余量(半径值)；

△w——Z 方向预留精车余量。

例如上例中：

N030 G71 U2.0 R1.0；外圆粗车循环(G71)，每次切深 2mm，退刀量 1mm。

N035 G71 P040 Q045 U0.2 W0.25 F0.2；循环从 040 行程序开始到 045 行程序结束，*X* 轴精车余量 0.2mm，*Z* 方向精车余量 0.25mm，进给速度 0.2mm/r。

● G73 编程格式

G73 U(△i)W(△k)R(d)；

G73 P(ns)Q(nf)U±(△u)W±(△w)F_S_；

式中：△i—— X 方向的退刀距离和方向；

△k——Z 方向的退刀距离和方向；

d——粗车循环次数。

其余(字符)含义同 G71。

● G71、G73 的选用

G71 循环的加工路线基本上是平行于 *Z* 轴的多次切削；G73 循环的加工路线是按切削形状逐渐接近工件最终形状的多次切削。可以通过下图进行具体分析(图 12－3)。

通过图形分析，可以看出，G71 循环中，系统将零件分几个尺寸区域，每次加工时，刀具先将几个区域大致粗加工出来，最后按照给定的精加工余量进行工件精加工。G73 循环中，刀具每次走刀路线都与工件轮廓一致，最后再按照精加工余量进行工件精加工。相比而言，G73 刀具空刀路线较长。

● 精加工循环 G70 应用

G70 编程格式：G70 P(ns)Q(nf)

其字符含义与 G71 含义一样。

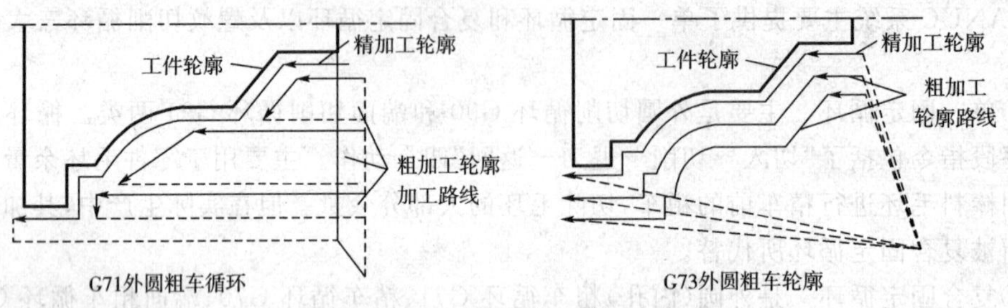

图 12－3　G71/G73 循环加工路线

③螺纹加工循环 G92

直螺纹：G92 X(U)_ Z(W)_ F_；

锥螺纹：G92 X(U)_ Z(W)_ R_ F_；

式中：X(U)、Z(W)为螺纹终点坐标；F 为螺纹导程(螺距)；R 为螺纹起点与终点的半径差；有正负之分。

G92 螺纹循环中，要计算出螺纹的深度、加工次数和每次加工的螺纹加工深度(见附表螺纹的进给次数与被吃刀量的关系)。为保证螺纹加工粗糙度要求，最后一刀光整加工。如上例中的 M24×1.5e 螺纹加工。

SIEMENS802s/c 系统：

SIEMENS802s/c 系统主要由孔系加工循环和外形加工循环组成。

循环调用由 LCYC＋数字组成。数字表示不同的循环类别。

孔系循环：LCYC82 钻削、深孔加工循环；LCYC83 深度钻孔循环；LCYC840 带补偿刀具内螺纹切削循环；LCYC85 铰孔循环等四类循环。

外形循环：LCYC93 切槽循环；LCYC94 凹凸切槽循环；LCYC95 毛坯切削循环；LCYC97 内外螺纹循环等四类循环。

(2)循环使用。

①使用循环前，要有程序将刀具移动到循环起点位置。

②刀尖半径的补偿程序放在循环开始；刀尖半径的取消放在循环结束处。

③粗循环结束后，要有暂停程序，对刀具进行刀具磨损补偿，以保证工件尺寸精度。

④粗循环结束后，对有圆弧、圆锥等形状的工件加工，为保证工件表面粗糙度，采用恒线速控制加工。

⑤螺纹加工为保证正确螺距，不能采用恒线速控制。

FANUC 系统：

正确选用外圆毛坯粗车循环 G71/G73。

G71 主要用于加工较大余量的棒料毛坯粗车外圆(或内径)。

G73 主要用于零件毛坯的形状已用铸造或锻造方法成形的零件的粗车。加工余量较小。

通俗地说，G71 用于工件直径相差较大的毛坯件加工；G73 用于工件直径相差不大的半成品件加工。

加工中，主程序直接进行循环加工，不需要子程序调用。

SIEMENS802s/c 系统：

LCYC95 毛坯循环的使用注意，循环通过变量_CNAME 的子程序名来调用子程序。其外形尺寸（轮廓尺寸）变化只能成单一方向变化。如上例中的 R25 凹圆弧，就不能编入子程序中加工，只能在主程序中加入程序进行加工。

所有循环参数可以写一行，也可每个参数单独一行，不影响加工。

在机床上手工输入循环参数时，可在操作面板上直接点击相应循环软按钮，在循环界面上直接输入参数。

加工中，主程序必须通过 LCYC 调用循环

各种循环编程中，其循环参数的含义见附录。

循环程序加工

（1）启动数控车床。

（2）数控车床回零。

（3）装夹刀具和毛坯。

（4）对加工用刀具进行对刀。

（5）输入程序。

（6）进行图形模拟（根据不同系统配置，有的数控系统没有图形模拟功能，可进行数控软件仿真模拟）。

（7）单段、自动运行加工。

循环程序加工疑难点

（1）刀具对刀参数界面要正确。

（2）输入对刀参数值要注意刀具号的准确性。

（3）量具读数要准确。

（4）图形模拟时，检查刀具的运行轨迹是否符合工件形状。

（5）加工中的安全注意事项。

思考与练习

用循环程序编写下图工件并进行加工，材质为 45 钢。

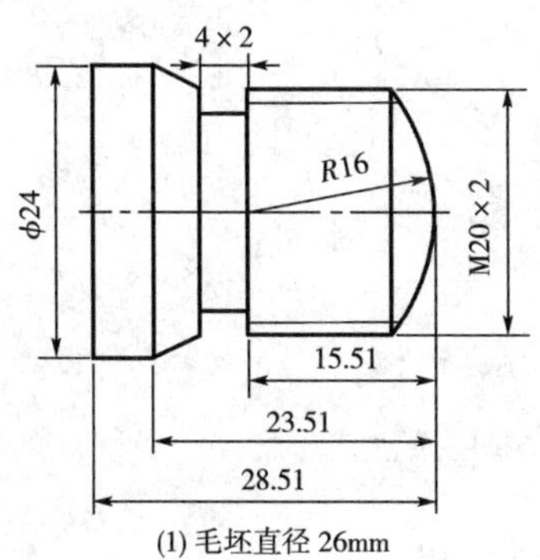

(1) 毛坯直径 26mm

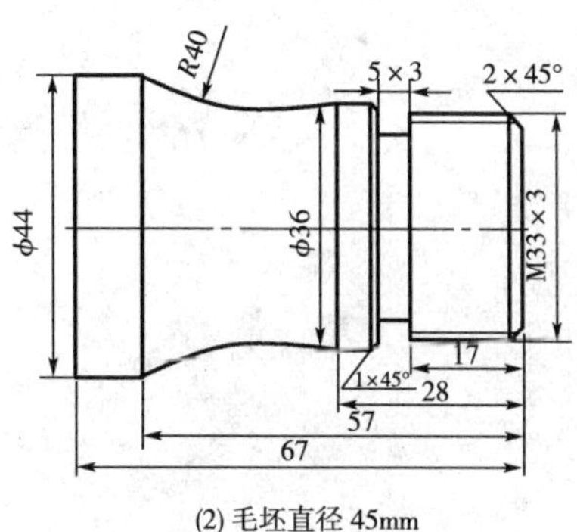

(2) 毛坯直径 45mm

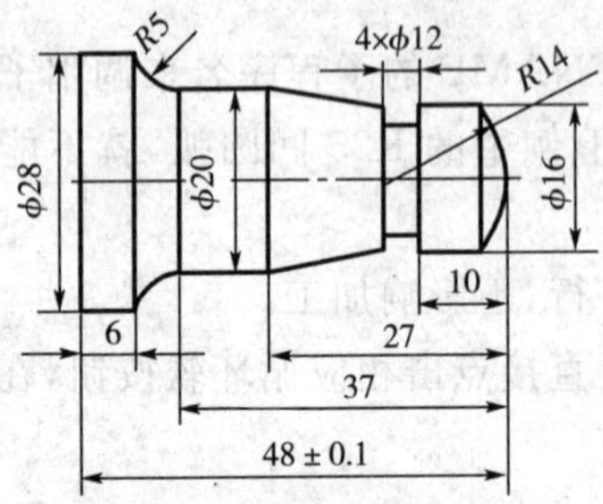

(3) 毛坯直径 30mm

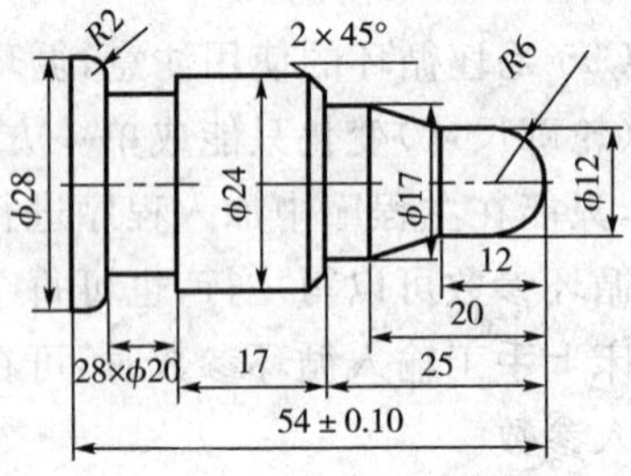

(4) 毛坯直径 30mm

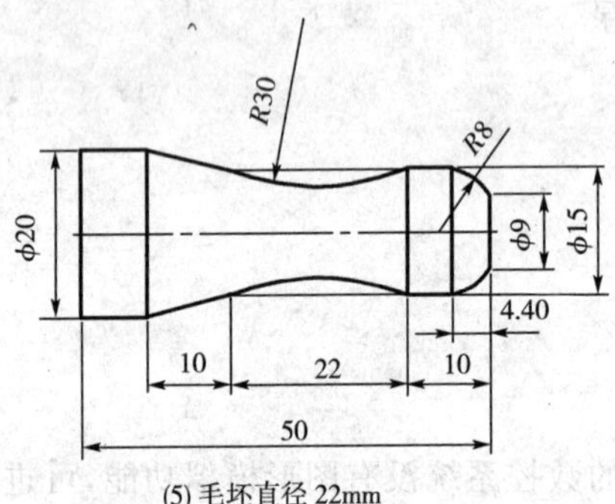

(5) 毛坯直径 22mm

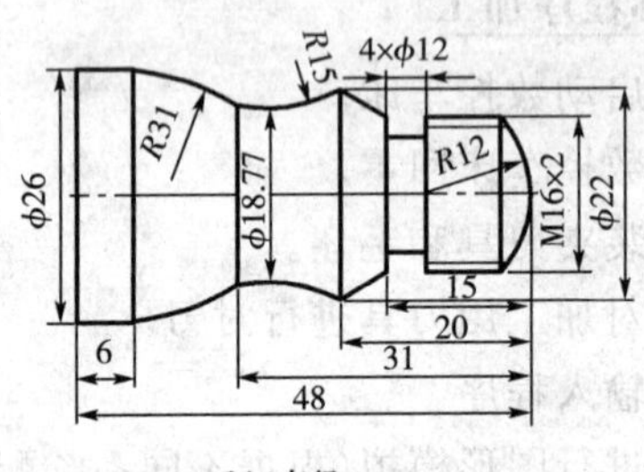

(6) 毛坯直径 30mm

第十三章　典型零件加工

【例 13－1】　在数控机床上加工如图 13－1 所示工件，毛坯直径 ϕ50mm，45 钢。

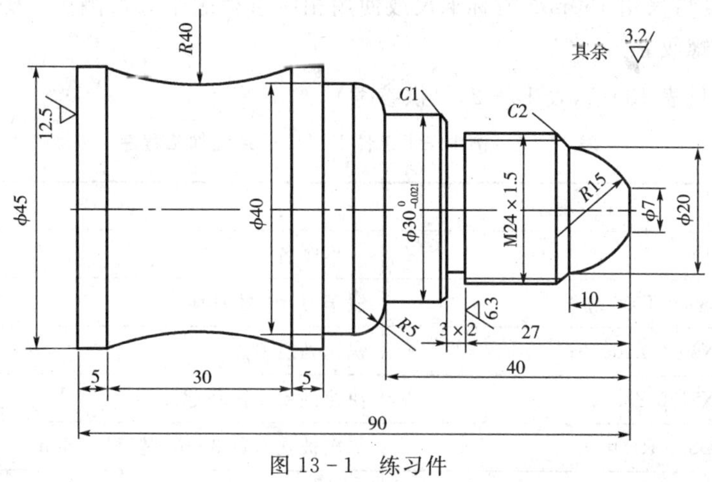

图 13－1　练习件

加工工艺分析

此工件是一较全面的组合体零件，包含了外圆、圆弧、圆锥、沟槽、螺纹等基本要素。整个零件的尺寸相差不大，是一实心轴，长度较短。圆弧与外圆的表面粗糙度为 $R_a3.2\mu m$，沟槽及切断面处的表面粗糙度为 $R_a6.3\mu m$ 和 $R_a12.5\mu m$，最大直径处尺寸 ϕ45mm，为此，整个工件加工时，分粗、精加工过程。粗加工时，为提高生产效率，外圆刀具取切削深度 $a_p=3mm$，进给量 $f=0.15mm/r$，切削速度 $v_c=70m/min$，经过换算主轴转速 $n=\frac{1000\times v_c}{1000}=557r/min$。编程时取 $S=550r/min$。精加工时，恒线速控制加工，切深 0.5mm，进给量 0.1mm/r，切削速度 120m/min，主轴限定转速 1500 r/min。切断与沟槽加工时，主轴转速为 350r/min，进给速度 20mm/min。螺纹加工时，取主轴转速 600r/min。

加工步骤分析

粗加工，用外圆刀将工件的整体轮廓加工出来，给精加工留 0.2mm 的精加工余量；经刀具补偿之后，进行精加工，将工件外形加工完成。换切槽刀，加工沟槽（退刀槽）。最后换螺纹刀，加工 M24 的细牙螺纹。为使加工程序简化，外形轮廓和螺纹加工时，采用循环编程。

编程时，取工件的右端面的中心为工件坐标系的原点。

加工用工具

（1）刀具

T01 刀具：90°粗加工外圆偏刀；

T02 刀具：93°精加工外圆偏刀；

T03 刀具：刀宽 3mm 切槽刀；

T04 刀具：60°外螺纹刀。

(2)夹具

由于工件是一个实心轴，轴的长度比较短，故采用工件的左端面和 $\phi45$ 的外圆作为定位基准。使用普通三爪自定心卡盘夹紧工件。

(3)量具

外圆和长度可采用 150mm 游标卡尺或使用相应量程的千分尺测量。圆弧样板检测圆弧；螺纹规检测螺纹。

程序编制(见表 13-1，表 13-2，仅供参考)

表 13-1 例 13-1 工件 FANUC 系统加工程序

行号	程序	注释
N005	O1301	程序名
N010	M03 S550 T0101；	粗车刀，01 号刀具
N015	G00 X60.0 Z100.0；	快速到换刀点
N020	G00 X51.0 Z2.0；	快速到粗车循环起点
N025	G71 U3.0 R1.0；	每次被吃刀量 3mm，退刀量 1mm
N030	G71 P035 Q040 U0.5 W0.25 F0.2；	从 035 行程序开始循环到 040 行程序结束；X 轴精加工余量 0.5mm，Z 轴精加工余量 0.2mm
N035	G00 G42 X7.0； G01 Z0 F0.15；	快速接近 $R15$ 圆弧起点位置，并进行刀尖半径右补偿
	G03 X20.0 Z-10.0 R15.0；	加工 $R15$ 凸圆弧
	G01 X23.8 Z-12.0；	螺纹外径 $C2$ 倒角
	Z-30.0；	加工螺纹外径长度(含 3×2 沟槽)
	X28.0；	刀具移动到 C1 倒角开始尺寸
	X29.990 Z-31.0；	$C1$ 倒角
	Z-40.0；	加工 $\phi30$ 外圆
	G03 X40.0 Z-45.0 R5.0；	加工 $R5$ 圆弧(倒圆)
	G01 Z-50.0；	加工外圆
	X45.0；	横向退刀至下一尺寸
	Z-55.0；	加工外圆
	G02 X45.0 Z-85.0 R40.0；	加工 $R40$ 凹圆弧
	G01 Z-93.0；	加工到工件切断长度
N040	G40 X51.0；	退刀并取消刀尖半径补偿

（续表）

行号	程　序	注　释
N045	G00 X60.0 Z100.0；	快速回到换刀点
N050	M01；	程序暂停，检测工件尺寸，输入刀具磨损补偿量进行精加工
N055	G50 S1500 M03；	限定主轴最高转速 1500r/min
N060	G96 S120 T0202 F0.02；	设定恒线速 120m/min，调 2 号精加工刀具
N065	G00 X51.0 Z2.0；	快速到循环起点
N070	G70 P035 Q040；	精加工循环
N075	G00 X60.0 Z100.0；	快速回到换刀点
N080	M01；	程序暂停，检测外形轮廓尺寸
N085	G97 S350 M03 T0303；	取消恒线速加工，设定主轴转速 350r/min，调 3 号刀具
N090	G00 X26.0；	快速移动到沟槽位置
N095	Z－30.0；	
N100	G01 X20.0 F0.08；	加工沟槽
N105	G04 X1.0；	槽底暂停 1s
N110	G01 X32.0 F0.3；	退刀
N115	G00 X60.0 Z100.0；	快速回到换刀点
N120	M01；	程序暂停，检测沟槽尺寸
N125	G97 S600 M03 T0404；	取消恒线速加工，设定主轴转速 600r/min，调 4 号刀具
N130	G00 X25.0 Z－8.0；	快速到螺纹加工起点位置
N135	G92 X23.2 Z－28.0 F1.5；	第一刀加工螺纹
	X22.6；	第二刀加工螺纹
	X22.2；	第三刀加工螺纹
	X22.04；	螺纹加工结束
	X22.04；	螺纹光刀
N140	G00 X60.0 Z100.0；	快速回换刀点
N145	M01；	程序暂停，检测螺纹尺寸
N150	G97 S350 M03 T0303；	取消恒线速加工，设定主轴转速 350r/min，调 3 号刀具

（续表）

行号	程　序	注　释
N155	G00 X46；	快速到工件切断处
N160	Z－93.0；	
N165	G01 X0 F0.08；	切断工件
N170	G00 X60.0 Z100.0；	快速回换刀点
N180	M30；	程序结束

表 13－2　例 13－1 工件 SIEMENS802s/c 系统加工程序

行号	程　序	注　释
	SK1301	主程序名
N005	G54 G94 G90 M03 S550 T1	1 号粗加工刀具，绝对值编程
N010	G158 Z_ X_	原点偏移
N015	G00 X51 Z2	快速接近工件端面
N020	G00 Z0；	车端面
N025	G01 X0 F50	
N030	G00 X51 Z2	快速到循环起点位置
N035	_CNAME＝"L1301"	命名轮廓子程序名"L1301"
	R105＝1	纵向外部粗加工
	R06＝0.5	精加工余量 0.5mm
	R108＝3	粗加工被吃刀量 3mm
	R109＝7	刀具切入角 7°
	R110＝2	横向退刀量 2mm
	R111＝100	粗加工进给率 100mm/min
N040	LCYC95	调用毛坯切削循环
N045	G00 X60 Z100	回换刀点
/N050	M05	程序暂停，检测工件，输入刀具磨损补偿量，进行精加工
/N055	M00	
N060	S800 M03 T2 D1	调精加工刀具
N065	G42 G00 X7 Z2	刀尖半径右补偿，快速运动到精加工位置
N070	G96 S120 LIMS＝1500 F0.02	限定主轴最高转速 1500r/min，设恒线速 120 m/min，精加工进给 50mm/min
N075	L1301	调用轮廓子程序精加工

（续表）

行号	程　序	注　释
N080	G00 X46	快速接近 R40 凹圆弧加工处
N085	Z-55	
N090	G01 X45	到 R40 凹圆弧开始处
N095	G02 X45 Z-85 CR=40	加工凹圆弧
N100	G00 G40 X60 Z100	快速退刀并取消刀尖半径补偿
/N105	M05	程序暂停，检测工件
/N110	M00	
N115	G97 S350 M03 T3 D3	取消恒线速加工，设定主轴转速 350r/min，调 3 号刀具
N120	G00 X25 Z-30	快速到沟槽位置
N125	G01 X20 F20	加工沟槽
N130	G04 F1	槽底暂停
N135	G01 X32 F300	横向退刀
N140	G00 X60 Z100	快速回换刀点
/N145	M05	程序暂停，检测沟槽
/N150	M00	
N155	G97 S600 M03 T0404	取消恒线速加工，设定主轴转速 600r/min. 调 4 号刀具
N160	G00 X25 Z-8	快速到螺纹加工起点位置
	R100=24	螺纹起点直径 24mm
	R101=-8	螺纹轴向起点 Z 坐标
	R102=24	螺纹终点直径 24mm
	R103=-27	螺纹轴向终点 Z 坐标（螺纹长度）
	R104=1.5	螺距 1.5mm
	R105=1	螺纹加工类型，外螺纹 1
	R106=0.05	螺纹精加工余量 0.05mm（半径）
	R109=2	空刀导入量 4mm
	R110=2	空刀导出量 3mm
	R111=0.97	螺纹深度 0.93mm（半径）
	R112=0	螺纹起始点偏移

（续表）

行号	程 序	注 释
	R113=8	螺纹粗加工次数8次
	R114=1	螺纹头数，单线螺纹
N165	LCYC97	调用螺纹循环
N170	G00 X60 Z100	快速回换刀点
/N175	M05;	程序暂停，检测螺纹
/N180	M00;	
N185	G97 S350 M03 T3 D3	取消恒线速加工，设定主轴转速350r/min，调3号刀具
N190	G00 X46 Z-93	快速到工件切断处
N195	G01 X0 F20	切断工件
N200	G00 X60 Z100	到换刀点
N205	M05	主轴停转
N210	M02	程序结束
	L1301	轮廓子程序名
N1005	G00 X7	接近 $R15$ 圆弧加工起点
N1010	G01Z0	
N1015	G03 X20 Z-10 CR=15	加工 $R15$ 圆弧
N1020	G01 X23.8 Z-12	螺纹外径倒角 $C2$
N1025	Z-30	加工螺纹外径
N1030	X28	刀具移动到 $C1$ 倒角开始尺寸
N1035	X29.991 Z-31	$C1$ 倒角
N1040	Z-40	加工外圆
N1045	G03 X40 Z-45 CR=5	加工 $R5$ 圆弧
N1050	G01 X45	横向退刀至下一尺寸
N1055	Z-93	加工外圆至切断长度
N1060	X51	刀具横向退出
N1065	M17	子程序结束

【例13-2】 编制图13-2所示工件并加工。毛坯直径 ϕ40mm，45钢。

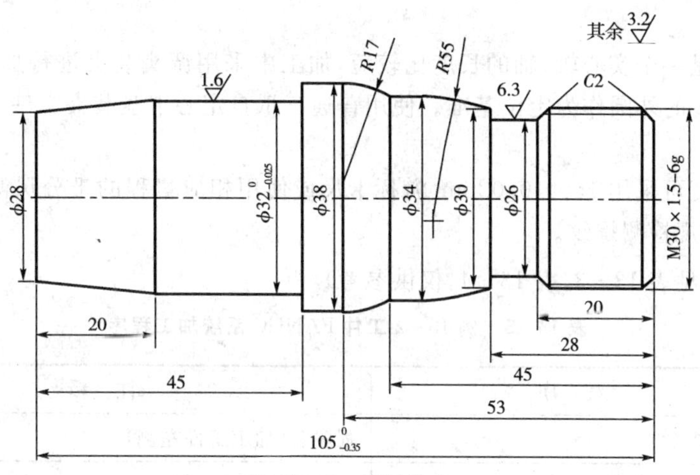

图 13-2 练习件 2

加工工艺分析

此工件是一较全面的组合体零件，包含了外圆、圆弧、圆锥、沟槽、螺纹等基本要素。整个零件的尺寸相差不大，是一实心轴，长度较短。圆弧与外圆的表面粗糙度为 R_a1.6μm，沟槽及切断面处的表面粗糙度为 R_a3.2μm，螺纹加工精度为 6g。最大直径处尺寸 ϕ38mm，为此，整个工件加工时，分粗精加工过程。粗加工时，为提高生产效率，外圆刀具取切削深 $a_p=2$mm，进给量 $f=0.2$mm/r，切削速度 $V_c=70$m/min，经过换算主轴转速 $n=\frac{1000\times v_c}{\pi\times D}=$ 557r/min。编程时取 S550r/min。精加工时，恒线速控制加工，切深 0.2mm，进给量 0.1mm/r，切削速度 120m/min，主轴转速 1000 r/min。切断与沟槽加工时，主轴转速为 400r/min，进给速度 20mm/min。螺纹加工时，取主轴转速 600r/min。

加工步骤分析

此工件是一阶梯状组合件，中间阶梯处尺寸最大，左右两边的尺寸依次减小，因此加工时，必须将工件分两次加工，先夹持右端，用外圆刀将工件左侧部分加工完成，然后再将工件调头装夹，夹持已加工面，进行工件右侧部分的加工。调头装夹时，注意工件端面加工，以保证工件总长。

(1)粗加工，用外圆刀将工件的左侧轮廓加工出来，给精加工留 0.25mm 的精加工余量；经刀具补偿之后，进行精加工，将工件外形加工完成。

(2)工件调头装夹，粗精循环加工右侧轮廓。

(3)换切槽刀，加工螺纹退刀槽。

(4)换螺纹刀，加工 M30 的细牙螺纹。为使加工程序简化，外形轮廓和螺纹加工时，采用循环编程。

(5)编程时，取工件的右端面的中心为工件坐标系的原点。

加工用工具

(1)刀具

T01 刀具：91°加工外圆偏刀；

T02 刀具：刀宽 4mm 切槽刀；T03 刀具：60°外螺纹刀

(2)夹具

由于工件是一个实心轴,轴的长度比较短,加工中采用调头装夹进行加工,故采用工件的左端面和 $\phi32$ 的外圆作为定位基准。使用普通三爪自定心卡盘装夹工件。

(3)量具

外圆和长度可采用 150×0.02mm 游标卡尺或使用相应量程的千分尺测量。圆弧样板检测圆弧;螺纹规检测螺纹。

程序编制(见表 13-3,表 13-4,仅供参考)

表 13-3 例 13-2 工件 FANUC 系统加工程序

<table>
<tr><th>行号</th><th>程 序</th><th>注 释</th></tr>
<tr><td></td><td>O1302</td><td>程序名(加工工件左侧)</td></tr>
<tr><td>N005</td><td>M03 S600 T0101;</td><td>选用1号刀具</td></tr>
<tr><td>N010</td><td>G00 X60.0 Z100.0;</td><td>换刀点</td></tr>
<tr><td>N015</td><td>X42.0 Z0;</td><td>快速到工件端面</td></tr>
<tr><td>N020</td><td>G01 X0 F0.1;</td><td>车端面</td></tr>
<tr><td>N025</td><td>G00 X42.0 Z2.0;</td><td>快速回循环起点位置</td></tr>
<tr><td>N030</td><td>G71 U2.0 R1.0;</td><td>每次切深 2mm</td></tr>
<tr><td>N035</td><td>G71 P040 Q045 U0.5 W0.25 F0.2;</td><td>X 轴精加工余量 0.5mm,Z 轴精加工余量 0.25mm。从 040 行程序开始到 045 行程序结束</td></tr>
<tr><td>N040</td><td>G00 G42 X28.0;</td><td rowspan="2">到工件左侧圆锥起点位置,建立刀尖半径右补偿</td></tr>
<tr><td></td><td>G01 Z0 F0.2;</td></tr>
<tr><td></td><td>X31.988 Z-20.0;</td><td>加工圆锥</td></tr>
<tr><td></td><td>Z-45.0;</td><td>加工外圆</td></tr>
<tr><td></td><td>X38.0;</td><td>退刀</td></tr>
<tr><td></td><td>Z-55.0;</td><td>加工外圆</td></tr>
<tr><td>N045</td><td>G40 G01 X42.0;</td><td>退刀并取消刀尖半径左补偿</td></tr>
<tr><td>N050</td><td>G00 X60.0 Z100.0;</td><td>快速回换刀点</td></tr>
<tr><td>N055</td><td>M01;</td><td>程序暂停,检测工件,输入刀具磨损补偿量,为精加工准备</td></tr>
<tr><td>N060</td><td>G50 S1500 M03;</td><td rowspan="2">限定主轴最高转速 1500r/min,恒线速 130m/min</td></tr>
<tr><td>N065</td><td>G96 S130;</td></tr>
<tr><td>N070</td><td>G00 X42.0 Z2.0;</td><td>快速到循环起点位置</td></tr>
<tr><td>N075</td><td>G70 P040 Q045;</td><td>精加工循环</td></tr>
<tr><td>N080</td><td>G00 X60.0 Z100.0;</td><td>快速回换刀点</td></tr>
</table>

（续表）

行号	程　序	注　释
N085	M30；	程序结束(工件左侧加工完成)
	O1303	主程序名(调头加工工件右侧)
N005	M03 S600 T0101；	选用刀具
N010	G00 X60.0 Z100.0；	换刀点
N015	X42.0 Z0；	车端面
N020	G01 X0 F0.1；	
N025	G00 X60.0 Z100.0；	快速回换刀点
N030	M01；	程序暂停，检测工件，保证长度
N035	M03 S600；	快速到循环起点位置
N040	G00 X42.0 Z2.0；	
N045	G71 U2.0 R1.0；	建立循环参数
N050	G71 P055 Q060 U0.5 W0.25 F0.2；	
N055	G00 G42 X26.0；	到螺纹倒角开始处，并建立刀具半径右补偿
	G01 Z0 F0.2；	
	X29.8 Z-2.0；	螺纹右侧 C2 倒角
	Z-28.0；	加工螺纹外径(含 ϕ26 沟槽)
	X30.0；	退刀
	G03 X34.0 Z-45.0 R55.0；	加工 R55 凸圆弧
	G03 X38.0 Z-53.0 R17.0；	加工 R17 凸圆弧
N060	G01 G40 X40.0；	退刀并取消刀具半径右补偿
N065	G00 X60.0 Z100.0；	快速回换刀点
N070	M01；	程序暂停，检测工件
N075	G50 S1200 M03 F0.05；	限定主轴最高转速 1500r/min，恒线速 130m/min
N080	G96 S130；	
N085	G00 X42.0 Z2.0；	快速到循环起点位置
N090	G70 P055 Q060；	精加工循环
N095	G00 X60.0 Z100.0；	快速回换刀点
N100	M01；	程序暂停，检测工件
N105	G97 S400 M03 T0202；	取消恒线速加工，设定主轴转速 400r/min，调 2 号刀具
N110	G00 X32.0 Z-28.0；	快速到加工退刀槽位置

（续表）

行号	程　序	注　释
N115	G01 X26.5 F0.05；	第一刀加工沟槽，留 0.5mm 余量
N120	X31.0 F0.2；	退刀
N125	Z-24.0；	第二刀加工沟槽尺寸
N130	X26.0 F0.05；	
N135	G04 X1.0；	槽底暂停 1s
N140	G01 Z-28.0 F0.05；	加工全部槽底
N145	G04 X1.0；	槽底暂停 1s
N150	G00 X30；	螺纹左侧 C2 倒角
N155	Z-22；	
N160	G01 X26 Z-24 F0.05	
N165	G00 X60；	快速回换刀点
N170	Z100；	
N175	M01；	程序暂停，检测工件
N180	G97 S600 M03 T0303；	取消恒线速加工，主轴转速 600r/min，调 3 号刀具
N185	G00 X32.0 Z2.0；	快速到螺纹加工起点位置
N190	G92 X29.2 Z-23.0 F1.5；	第一刀加工螺纹
	X28.6；	第二刀加工螺纹
	X28.2；	第三刀加工螺纹
	X28.04；	第四刀加工螺纹
	X28.04；	螺纹光刀加工
N195	G00 X60.0 Z100.0；	快速回换刀点
N200	M30；	程序结束

表 13-3　例 13-2 工件 SIEMENS802s/c 系统加工程序

行号	程　序	注　释
N005	SK1302	主程序名（加工工件左侧圆锥）
N010	G54 G94 G90 M03 S600 F80 T1	1 号刀具，绝对值编程
N015	G158 Z62 X0	原点偏移
N020	G00 X42 Z0	加工端面
N025	G01 X0 F30	
N030	G00 X42 Z2	快速到循环起点位置
N035	_CNAME= "L1302"	命名轮廓子程序名 L1302

（续表）

行号	程 序	注 释
	R105=1	纵向外部粗加工
	R106=0.25	精加工余量 0.5mm
	R108=2	粗加工背吃刀量 2mm
	R109=7	刀具切入角
	R110=2	横向退刀量
	R111=100	粗加工进给率
N040	LCYC95	调用毛坯切削循环
/N045	M05	程序暂停，检测工件，输入刀具磨损补偿量，准备精加工
/N050	M00	
N055	S800 M03 T1 D1；	刀尖半径右补偿
N060	G00 G42 X42 Z2；	
N065	G96 S120 LIMS=1500 F0.05	限定主轴转速 1500r/min，恒线速 120m/min
N070	L1302	调用 L1302 子程序精加工
N075	G00 G40 X60 Z100	快速回换刀点并取消刀补
N080	M05	主轴停转
N085	M02	程序结束
	L1302	子程序名（加工工件左侧轮廓）
N1005	G01 X28 Z0	到工件右侧圆锥起点位置
N1010	X31.988 Z-20	加工圆锥
N1015	Z-45	加工外圆
N1020	X38	退刀
N1025	Z-55	加工外圆
N1030	M17	子程序结束（工件左侧加工完成）
	SK1303	主程序名（调头加工工件右侧）
N005	G54 G94 G90 M03 S600 F80 T1	调用 1 号粗车刀，绝对值编程
N010	G158 Z60 X0	原点偏移
N015	G00 X42 Z0	加工端面
N020	G01 X0 F50	
N025	G00 X42 Z2	快速到循环起点位置
N030	_CNAME="L1303"	定义轮廓子程序名 L1303
	R105=1	纵向外部粗加工

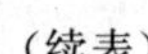
（续表）

行号	程 序	注 释
	R106=0.25	精加工余量 0.5mm
	R108=2	粗加工背吃刀量 2mm
	R109=7	刀具切入角
	R110=2	横向退刀量
	R111=100	粗加工进给率
N035	LCYC95	调用毛坯切削循环
/N040	M05	程序暂停，检测工件
/N045	M00	
N050	S800 M03 T1 D1;	建立刀尖半径右补偿
N055	G42 G00 X42 Z2;	
N060	G96 S120 LIMS=1500 F0.05	限定主轴转速 1500r/min，恒线速 120m/min
N065	L1303	调用 L1303 子程序精加工
N070	G00 G40 X60 Z100	快速回换刀点，取消刀补
/N075	M05	程序暂停，检测工件
/N080	M00	
N085	G97 S400 M03 T2 D1	取消恒线速加工，设定主轴转速 400r/min，调 2 号刀具
N090	G00 X32 Z-24	快速到沟槽加工位置
	R100=30	切槽起始点直径（*X* 向）
	R101=-24	切槽起始点 *Z* 坐标（Z）
	R105=5	切槽方式：纵向外部自右向左加工
	R106=0.1	精加工余量 0.1mm（半径）
	R107=4	切槽刀宽 4mm
	R108=1	每次切深 1mm（半径）
	R114=8	槽宽 8mm
	R115=2	槽深 2mm
	R116=0	切槽斜角 0°
	R117=0	槽沿倒角 0°
	R118=0	槽底倒角 0°
	R119=1	槽底停留时间 1s
N095	LCYC93	调用切槽循环

（续表）

行号	程　序	注　释
N100	G00 X30	加工螺纹左侧 C2 倒角
N105	Z-22	
N110	G01 X26 Z-24	
N115	G00 X60	程序暂停，检测工件
N120	Z100	
/N125	M05	程序暂停，检测工件
/N130	M00	
N135	G97 S600 M03 T3 D1	取消恒线速加工，设定主轴转速 600r/min，调 3 号刀具
N140	G00 X32 Z2	快速到螺纹加工起点位置
	R100=30	螺纹起点直径 30mm
	R101=1	螺纹轴向起点 Z 坐标
	R102=30	螺纹终点直径 30mm
	R103=-22	螺纹轴向终点 Z 坐标（螺纹长度）
	R104=1.5	螺距 1.5mm
	R105=1	螺纹加工类型，外螺纹 1
	R106=0.05	螺纹精加工余量 0.05mm（半径）
	R109=2	空刀导入量 2mm
	R110=2	空刀导出量 2mm
	R111=0.97	螺纹深度 0.97mm（半径）
	R112=0	螺纹起始点偏移
	R113=8	螺纹粗加工次数 8 次
	R114=1	螺纹头数，单线螺纹
N145	LCYC97	调用螺纹循环
N150	G00 X60 Z100	快速到换刀点
N155	M05	主轴停转
N160	M02	程序结束
	L1303	子程序名（加工工件右侧轮廓）
N1005	G01 X26 Z0	圆锥加工起点位置
N1010	X29.8 Z-2	螺纹右侧 C2 倒角
N1015	Z-28	加工螺纹外径

（续表）

行号	程 序	注 释
N1020	X30	退刀
N1025	G03 X34 Z-45 CR=55	加工半径 55 的凸圆弧
N1030	G03 X38 Z-53 CR=17	加工半径 17 的凸圆弧
N1035	G01 X42	退刀
N1040	M17	子程序结束

【例 13-3】 编写图 13-3 所示工件并进行加工。已知毛坯 $\phi42\times112$mm，45 钢，预钻孔 $\phi16$mm。

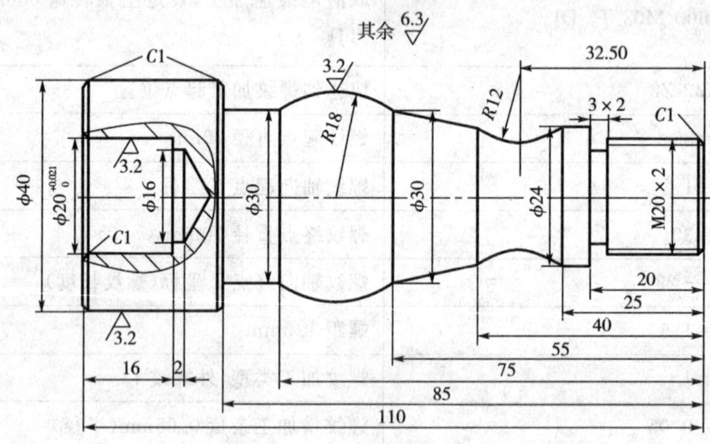

图 13-3 练习件 3

加工工艺分析

此工件是一较全面的组合体零件，包含了外圆、圆弧、圆锥、沟槽、螺纹、内孔等基本要素。整个零件的尺寸相差不大，是一实心轴，长度较短。圆弧与外圆的表面粗糙度为 $R_a1.6\mu$m，沟槽及切断面处的表面粗糙度为 $R_a3.2\mu$m，螺纹加工精度为 6g。最大直径处尺寸 $\phi40$mm，为此，整个工件加工时，分粗精加工过程。粗加工时，为提高生产效率，外圆刀具取切削深 $a_p=2$mm，进给量 $f=0.2$mm/r，切削速度 $v_c=70$m/min，经过换算主轴转速 $n=\frac{1000\times v_c}{\pi\times D}=557$r/min。编程时取 S550r/min。精加工时，恒线速控制加工，切深 0.2mm，进给量 0.1mm/r，切削速度 120m/min，主轴转速 1000 r/min。切断与沟槽加工时，主轴转速为 400r/min，进给速度 20mm/min。螺纹加工时，取主轴转速 600r/min。内控加工时，取主轴转速 600r/min，进给速度 30mm/min(0.06mm/r)。

加工步骤分析

此工件是一阶梯状组合件，左侧尺寸 $\phi40$ 最大，右侧形状由圆弧及螺纹构成，左侧是一内孔。因此加工时，必须将工件分两次加工，先夹持左端，用外圆刀、螺纹刀将工件右侧部分加工完成，然后再将工件调头装夹，夹持已加工面，进行工件内孔加工。调头装夹时，注意工件端面加工，以保证工件总长。

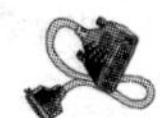

(1)在普通车床上将毛坯由 ϕ42mm 车至 ϕ40mm。简化数控机床的加工。

(2)粗加工,用外圆刀将工件的右侧轮廓加工出来,给精加工留 0.25mm 的精加工余量;经刀具补偿之后,进行精加工,将工件外形加工完成。

(3)换切槽刀,加工螺纹退刀槽。

(4)换螺纹刀,加工 M20 的细牙螺纹。为使加工程序简化,外形轮廓和螺纹加工时,采用循环编程。

(5)ϕ30 处外圆,因采用标准刀具,加工中可不需要先加工沟槽,而在循环中直接用外圆刀加工。

(6)工件调头装夹,加工工件内孔。

(7)编程时,取工件的右端面的中心为工件坐标系的原点。

加工用工具

(1)刀具

T01 刀具:93°加工外圆偏刀;

T02 刀具:刀宽 3mm 切槽刀及切断刀;

T03 刀具:60°外螺纹刀

T04 刀具:盲孔刀

(2)夹具

由于工件实心轴的长度比较短,加工中采用调头装夹进行加工,故采用工件的右端面和 ϕ40 的外圆作为定位基准。使用普通三爪自定心卡盘夹紧工件。

(3)量具

外圆和长度可采用 150×0.02mm 游标卡尺或使用相应量程的千分尺测量。圆弧样板检测圆弧;螺纹规检测螺纹。

程序编制(见表 13-5,表 13-6,仅供参考)

表 13-5 例 13-3 工件 FANUC 系统加工程序

行号	程 序	注 释
	O1304	主程序(加工工件右侧)
N005	M03 S550 T01;	粗车刀,01 号刀具
N015	G00 X60.0 Z100.0;	快速到换刀点
N020	G00 X42.0 Z2.0;	快速到粗车循环起点
N025	G71 U2.0 R1.0;	每次被吃刀量 2mm,退刀量 1mm
N030	G71 P035 Q040 U0.5 W0.25 F0.2;	从 035 行程序开始循环到 040 行程序结束;X 轴精加工余量 0.5mm,Z 轴精加工余量 0.2mm
N035	G00 G42 X18.0;	刀具到螺纹倒角起点位置,并进行刀具半径左补偿
	G01 Z0 F0.15;	
	X19.76 Z-1.0;	螺纹倒角

（续表）

行号	程　序	注　释
	Z－20.0；	加工螺纹长度
	X24.0；	退刀
	Z－25.0；	加工 ϕ24 外圆
	G02 X24.0 Z－40.0 R12.0；	加工 R12 凹圆弧
	G01 X30.0 Z－55.0；	加工圆锥
	G03 X30.0 Z－75.0 R18.0；	加工 R18 凸圆弧
	G01 Z－85.0；	加工 ϕ30 外圆
	X38.0	退刀
	X40.0 Z－86.0；	加工倒角
N040	G01 G40 X42.0；	退刀并取消刀具半径补偿
N045	G00 X60.0 Z100.0；	快速回换刀点
N050	M01；	程序暂停，进行刀具磨损补偿
N055	G50 S1500 M03 F0.05；	限定主轴最高转速 1500r/min
N060	G96 S120 T0101；	设定恒线速 120m/min，调 2 号精加工刀具
N065	G00 X42.0 Z2.0；	快速到精加工循环起点
N070	G70 P035 Q040；	精加工循环
N075	G00 X60.0 Z100.0；	快速回到换刀点
N080	M01；	程序暂停，检测外形轮廓尺寸
N085	G97 S350 M03 T0202；	取消恒线速加工，设定主轴转速 350r/min，调 2 号刀具
N090	G00 X26.0；	快速移动到沟槽加工位置
N095	Z－20.0；	
N100	G01 X16.0 F0.05；	加工沟槽
N105	G04 X1.0；	槽底暂停
N110	G01 X24.0 F0.3；	退出切槽
N115	G00 X60.0 Z100.0；	快速回换刀点
N120	M01；	程序暂停，检测沟槽尺寸
N125	G97 S600 M03 T0303	取消恒线速加工，设定主轴转速 350r/min，调 3 号刀具
N130	G00 X21.0 Z2.0；	快速到螺纹加工起点
N135	G92 X19.1 Z－18.0 F2.0；	第一刀加工螺纹

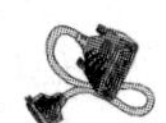

（续表）

行号	程 序	注 释
N140	X18.5；	第二刀加工螺纹
N145	X17.9；	第三刀加工螺纹
N150	X17.5；	第四刀加工螺纹
N155	X17.4；	第五刀加工螺纹
N160	X17.4；	螺纹光刀加工
N165	G00 X60.0 Z100.0；	快速回换刀点
N170	M30；	程序停止
	O1305	工件调头装夹 ϕ40 处，加工内孔
N005	M03 S550 T0101；	调用 1 号刀具
N010	G00 X60.0 Z100.0；	快速到换刀点
N015	X42.0 Z0；	靠近工件端面，加工端面，保证工件全长
N020	G01 X0 F0.1；	
N025	X38.0；	退刀
N030	X40.0 Z－1.0；	加工 *C*1 倒角
N035	G00 X60.0 Z100.0；	快速回换刀点
N040	S600 T0404；	调用 4 号刀具
N045	G00 X20.0 Z2.0；	快速到内孔加工位置
N050	X22.0；	内孔倒角起点位置尺寸
N055	G01 Z0 F0.06；	
N060	X20.011 Z－1.0；	内孔孔口倒角
N065	Z－16.0；	加工内孔
N070	X18.0；	退刀
N075	G00 Z100.0；	快速回刀（先回 *Z* 向，后 *X* 向）
N080	X60.0；	
N085	M30；	程序结束

表 13－6 例 13－3 工件 SIEMENS802s/c 系统加工程序

行号	程 序	注 释
	SK1304	主程序名（加工工件右侧）
N005	G54 G94 G90 M3 S550 T1	绝对值编程，调用 1 号刀具，主轴转速 550r/min
N010	G158 Z90 X0	原点偏移
N015	G0 X42 Z2	刀具快速到工件端面
N016	Z0	车端面
N017	G1 X0 F60	
N018	G0 X42 Z2	快速到循环起点位置

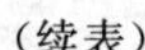
（续表）

行号	程　序	注　释
N020	_CNAME="L1304"	命名轮廓子程序名"L1304"
	R105=1	纵向外部粗加工
	R106=0.25	精加工余量 0.5mm
	R108=2	粗加工被吃刀量 2mm
	R109=7	刀具切入角 7°
	R110=2	横向退刀量 2mm
	R111=100	粗加工进给率 100mm/min
N025	LCYC95	调用毛坯切削循环
/N030	M05	程序暂停检测工件，做刀具磨损补偿
/N035	M00	
N040	S800 M03 T1 D1	调用 1 号刀具刀补
N045	G42 G00 X42 Z2	快速到循环起点位置，建立刀尖半径补偿
N050	G96 S120 LIMS=1500 F0.05	设定恒线速 120m/min，最高主轴转速 1500r/min
N055	L1304	调用 L1304 子程序精加工
N060	G00 X40	快速接近 *R*12 凹圆弧起点位置
N065	Z-25	
N070	G1 X24	刀具移动到圆弧起点位置
N075	G2 X24 Z-55 CR=12	加工凹圆弧
N080	G1 X30 Z-55	加工圆锥
N085	G3 X32 Z-75 CR=18	加工 *R*18 凸圆弧
N090	G1 X32 Z-85	第一次加工外圆
N095	X38	退刀
N100	Z-55	回到 *R*18 圆弧起点
N105	X30	移到圆弧加工起点位置
N110	G3 X30 Z-75 CR=18	第二次加工圆弧
N115	G1 X30 Z-85	第二次加工外圆
N120	G00 G40 X60	横向退刀并取消刀补
N125	Z100	*Z* 向快速退刀
/N130	M05;	程序暂停
/N135	M00;	
N140	G97 S350 M03 T2 D2	取消恒线速，设定主轴转速 350r/min。调 2 号刀具

（续表）

行号	程 序	注 释
N145	G00 X25 Z-20	快速到沟槽加工位置
N150	G01 X16 F20	加工沟槽
N155	G04 F1	槽底暂停 1s
N160	G01 X26 F300	横向退刀
N165	G00 X60 Z100	快速回参考点
/N170	M05	程序暂停，检测工件
/N175	M00	
N180	G97 S600 M03 T3 D3	取消恒线速，设定主轴转速 600r/min。调 3 号刀具
N185	G0 X22 Z2	快速到螺纹加工起点位置
	R100＝20	螺纹起点直径 20mm
	R101＝1	螺纹轴向起点 Z 坐标
	R102＝20	螺纹终点直径 20mm
	R103＝-18	螺纹轴向终点 Z 坐标（螺纹长度）
	R104＝2	螺距 2mm
	R105＝1	螺纹加工类型，外螺纹 1，内螺纹 2
	R106＝0.05	螺纹精加工余量 0.05mm（半径）
	R109＝2	空刀导入量 4mm
	R110＝2	空刀导出量 3mm
	R111＝1.3	螺纹深度 1.3mm（半径）
	R112＝0	螺纹起始点偏移
	R113＝8	螺纹粗加工次数 8 次
	R114＝1	螺纹头数，单线螺纹
N190	LCYC97	调用螺纹循环
N195	G00 X60 Z100	快速到换刀点
N200	M05	主轴停转
N205	M02	程序结束
	L1304	子程序名
N1005	G1 X18 Z0	螺纹加工起点位置尺寸
N1010	X19.76 Z-1	螺纹倒角
N1015	Z-20	加工螺纹长度
N1020	X24	退刀

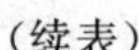
（续表）

行号	程 序	注 释
N1025	Z-25	加工外圆
N1030	X30 Z-55	加工圆锥
N1035	X36	横向退刀
N1040	Z-85	加工外圆
N1045	X38	横向退刀
N1050	X40 Z-86	倒角
N1055	M17	子程序结束
	SK1305	调头装夹，加工内孔
N005	G54 G94 G90 M3 S550 T1 F100	绝对值编程，1号刀具
N010	G158 Z_ X_	原点偏移
N015	G0 X42 Z2	快速到工件端面
N020	Z0	车端面，保证工件全长，有预留孔 $\phi16$，车端面至X15就行
N025	G1 X15	
N030	X38	外圆倒角
N035	X40 Z-1	
N040	G0 X60 Z100	快速回换刀点
N045	S600 T4 D4	换4号盲孔刀
N050	G0 X20 Z2	快速接近内孔位置
N055	X22	刀具移到内孔倒角起点位置
N060	G1 Z0	
N065	X20.011 Z-1	内孔倒角
N070	Z-16	内孔加工
N075	X18	退刀，注意方向性
N080	G0 Z100	Z方向快速回刀
N085	X60	退刀
N090	M05	主轴停转
N095	M02	程序结束

编程疑难点

(1)无论那种系统，在编制加工程序时，要注意精加工控制的程序编制以及刀具半径补偿的程序设定在主程序中的位置；另外要注意刀补的取消以及循环参数的设置（特别是SIEMENS802s/c系统）。

(2)注意加工工艺分析及工艺参数的设置，合理安排加工路线。

(3)SIEMENS802s/c 系统中 LCYC95 循环，其尺寸只能是单一变化(尺寸只大不小)，在编程时，注意。如果在子程序中出现尺寸非单一变化，则加工时系统会自动报警，不能加工。

所以对于工件中变化的尺寸必须在主程序中重新编程。

(4)在调用其他刀具加工形状尺寸时，要注意随时用 G97 指令取消恒线速加工 G96 指令。

(5)零件素线间基点计算以及螺纹光杆尺寸计算。

(6)为方便切断工件，防止切断工件时产生飞边，外圆加工时加工到工件切断处。

【例 13-4】 加工图 13-4 所示工件，已知毛坯直径 ϕ32mm，45 钢。

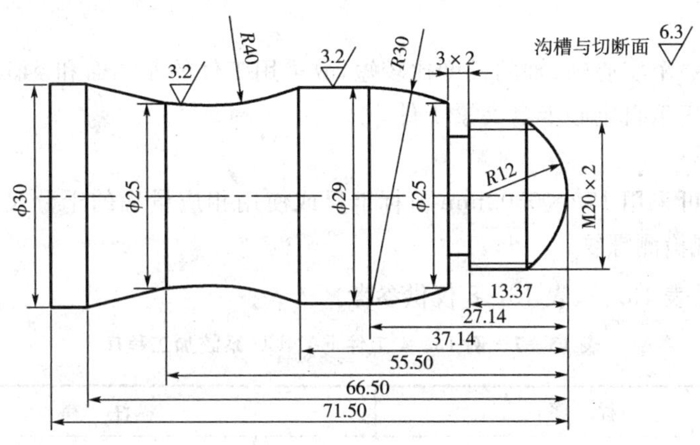

图 13-4 练习件 4

加工工艺分析

此工件是一较全面的组合体零件，包含了外圆、圆弧、圆锥、沟槽、螺纹等基本要素。整个零件的尺寸相差不大，是一实心轴，长度较短。圆弧与外圆的表面粗糙度为 $R_a3.2\mu$m，沟槽及切断面处的表面粗糙度为 $R_a6.3\mu$m，最大直径处尺寸 ϕ30mm，为此，整个工件加工时，分粗、精加工过程。粗加工时，为提高生产效率，外圆刀具取切削深 $a_p=2$mm，进给量 $f=0.15$mm/r，切削速度 $v_c=70$m/min，经过换算主轴转速 $n=\dfrac{1000v_c}{\pi\times D}=696$r/min。编程时取 S700r/min。精加工时，恒线速控制加工，切深 0.5mm，进给量 0.1mm/r，切削速度 120 m/min，主轴限定转速 1500 r/min。切断与沟槽加工时，主轴转速为 350r/min，进给速度 20mm/min。螺纹加工时，取主轴转速 600r/min。

通过计算，可得出 R12 半圆球的弦高为 5.367mm。

加工步骤分析

粗加工，用外圆刀将工件的整体轮廓加工出来，给精加工留 0.2mm 的精加工余量；经刀具补偿之后，进行精加工，将工件外形加工完成。换切槽刀，加工沟槽(退刀槽)。最后换螺纹刀，加工 M24 的细牙螺纹。为使加工程序简化，外形轮廓和螺纹加工时，采用循环编程。

但类似于这样工件尺寸大小变化不规律，使用 FANUC 数控系统循环编程较为方便，使用 SIEMENS802s/c 数控系统时进行循环编程(LCYC95)时就很麻烦，要有子程序，而且在主程序中对尺寸变小的工件还要重新进行编程，很容易加工或程序出错。现在用 SIEMENS802s/c 数控系统对于这样工件编程时采用程序跳转方法进行编程加工，效果不错。

编程时，取工件的右端面的中心为工件坐标系的原点。

加工用工具

(1)刀具

T01 刀具：90°粗加工外圆偏刀；

T02 刀具：93°精加工外圆偏刀；

T03 刀具：刀宽 3mm 切槽刀；

T04 刀具：60°外螺纹刀。

(2)夹具

由于工件是一个实心轴，轴的长度比较短，故采用工件的左端面和 $\phi45$ 的外圆作为定位基准。使用普通三爪自定心卡盘夹紧工件。

(3)量具

外圆和长度可采用 150×0.02mm 游标卡尺或使用相应量程的千分尺测量。圆弧样板检测圆弧；螺纹规检测螺纹。

程序编制(见表 13－7、表 13－8 仅供参考)

表 13－7　例 13－4 工件 FANUC 系统加工程序

行号	程　序	注　释
	O1306	主程序(加工工件右侧)
N005	M03 S550 T0101；	粗车刀，01 号刀具
N015	G00 X60.0 Z100.0；	快速到换刀点
N020	G00 X32.0 Z2.0；	快速到粗车循环起点
N025	G71 U2.0 R1.0；	每次被吃刀量 2mm，退刀量 1mm
N030	G71 P035 Q040 U0.5 W0.25 F0.2；	从 035 行程序开始循环到 040 行程序结束；X 轴精加工余量 0.5mm，Z 轴精加工余量 0.25mm
N035	G00 G42 X0；	刀具移到 $R12$ 加工起点位置，进行刀尖半径右补偿
	G01 Z0 F0.15；	
	G03 X19.76 Z－5.367 R12.0；	加工 $R12$ 圆球
	G01 Z－16.37；	长度范围内加工螺纹外径
	X25.0；	退刀
	G03 X29.0 Z－27.14 R30.0；	加工 R30 圆弧
	G01 Z－37.14；	加工外圆
	G02 X25.0 Z－55.5 R40.0；	加工 $R40$ 圆弧
	G01 X30.0 Z－66.5；	加工圆锥

（续表）

行号	程 序	注 释
	Z－75；	加工 ϕ30 外圆（含工件切断长度）
N040	G01 G40 X32.0；	退刀并取消刀具半径补偿
N045	G00 X60.0 Z100.0；	快速回换刀点
N050	M01；	程序暂停，进行刀具磨损补偿
N055	G50 S1500 M03；	限定主轴最高转速 1500r/min
N060	G96 S120 T0202 F0.05；	设定恒线速 120m/min，调 2 号精加工刀具
N065	G00 X32.0 Z2.0；	快速到精加工循环起点
N070	G70 P035 Q040；	精加工循环
N075	G00 X60.0 Z100.0；	快速回到换刀点
N080	M01；	程序暂停，检测外形轮廓尺寸
N085	G97 S350 M03 T0303；	取消恒线速加工，设定主轴转速 350r/min，调 3 号刀具
N090	G00 X26.0；	快速移动到沟槽加工位置
N095	Z－16.37；	
N100	G01 X16.0 F0.05；	加工沟槽
N105	G04 X1.0；	槽底暂停
N110	G01 X24.0 F0.3；	退出切槽刀
N115	G00 X60.0 Z100.0；	快速回换刀点
N120	M01；	程序暂停，检测沟槽尺寸
N125	G97 S600 M03 T0404；	取消恒线速加工，设定主轴转速 600r/min，调 4 号刀具
N130	G00 X21.0 Z2.0；	快速到螺纹加工起点
N135	G92 X19.1 Z－14.0 F2.0；	第一刀加工螺纹
N140	X18.5；	第二刀加工螺纹
N145	X17.9；	第三刀加工螺纹
N150	X17.5；	第四刀加工螺纹
N155	X17.4；	第五刀加工螺纹
N160	X17.4；	螺纹光刀加工
N165	G00 X60.0 Z100.0；	快速回换刀点
N170	M30；	程序停止

表 13-8　例 13-4 工件 SIEMENS802s/c 系统加工程序

行号	程　序	注　释
	SK1306	主程序名(加工工件右侧)
N005	G54 G94 G90 M3 S550 T1 F100	绝对值编程,1 号刀具
N010	G158 Z_ X_	原点偏移
N015	G0 G42 X32 Z2	快速到工件端面,建立刀尖半径右补偿
N020	Z0	车端面,保证工件全长
N025	G1 X0	
N030	Z2	刀具 Z 向退刀
N035	R1＝28.5	初始参数赋值
N040	R2＝31.5	
N045	MA1:G0 X＝R1	工件外轮廓加工
N050	G1 Z-16.37	
N055	X＝R2	
N060	G3 X29.5 Z-27.14 CR＝30	
N065	G1 Z-37.14	
N070	G2 X＝R2 Z-55.5 CR＝40	
N075	G1 X30.5 Z-66.5	
N080	G0 X30 Z2	
N085	R1＝R1-4;	参数变换条件
N090	R2＝R2-3;	
N095	IF R1＞＝20.5 GOTOB MA1	判断条件,如果参数 R1 大于或等于 20,则自动向后跳转到 MA1 标志的程序行加工,否则将顺序加工
N100	R3＝15.5	初始参数赋值
N105	MA2: G0 X＝R3	工件半圆球加工
N110	G1 Z0	
N115	G3 X20 Z-5.367 CR＝12	
N120	G0 X21 Z2	
N125	R3＝R3-5	参数变换条件
N130	IF R3＞＝0.5 GOTOB MA2	判断条件,如果参数 R3 大于或等于 0,则自动向后跳转到 MA2 标志的程序行加工,否则将顺序加工
N135	G0 X60 Z100	快速回换刀点

（续表）

行号	程 序	注 释
/N140	M05	程序暂停，检测工件
/N145	M00	
N150	S800 M03 T2 D2	调 2 号刀具
N155	G0 X22 Z2	快速到工件加工起点
N160	G96 S120 LIMS=1500 F50	设定恒线速 120m/min，主轴最高转速 1500r/min
N165	G0 X0;	刀具移到半圆球加工起点
N170	G1 Z0;	
N175	G3 X19.76 Z-5.367 CR=12	精加工半圆球
N180	G1 Z-16.37	精加工螺纹长度
N185	X25	横向退刀
N190	G3 X29 Z-27.14 CR=30	精加工圆弧
N195	G1 Z-37.14	精加工外圆
N200	G2 X25 Z-55.5 CR=40	精加工凹圆弧
N205	G1 X30 Z-66.5	精加工外圆锥
N210	Z-75	精加工外圆
N215	G0 G40 X60 Z100	快速回换刀点并取消刀具半径补偿
/N220	M05	程序暂停，检测工件
/N225	M00	
N230	G97 M03 S350 T3	取消恒线速加工，设定主轴转速 350r/min，调 3 号刀具
N235	G00 X25 Z-20	快速到沟槽加工位置
N240	G01 X16 F20	加工沟槽
N245	G04 F1	槽底暂停 1s
N250	G01 X26 F300	横向退刀
N255	G00 X60 Z100	快速回参考点
N260	M05;	程序暂停，检测工件
N265	M00;	
N270	G97 S600 M03 T4	取消恒线速，设定主轴转速 600r/min，调 4 号刀具
N275	G0 X22 Z2	快速到螺纹加工起点位置
	R100=20	螺纹起点直径 20mm
	R101=1	螺纹轴向起点 Z 坐标

（续表）

行号	程 序	注 释
	R102=20	螺纹终点直径 20mm
	R103=-14	螺纹轴向终点 Z 坐标（螺纹长度）
	R104=2	螺距 2mm
	R105=1	螺纹加工类型，外螺纹 1，内螺纹 2
	R106=0.05	螺纹精加工余量 0.05mm（半径）
	R109=2	空刀导入量 4mm
	R110=2	空刀导出量 3mm
	R111=1.3	螺纹深度 1.3mm（半径）
	R112=0	螺纹起始点偏移
	R113=8	螺纹粗加工次数 8 次
	R114=1	螺纹头数，单线螺纹
N280	LCYC97	调用螺纹循环
N285	G00 X60 Z100	快速到换刀点
N290	M05	主轴停转
N295	M02	程序结束

编程疑难点

在 SIEMENS802s/c 数控系统中，新介绍了跳转编程方法，跳转编程方法主要用于重复形状的加工，其功能和子程序功能相当。但编程时可以直接将程序放在主程序中，直接进行加工，不需要用子程序进行工件轮廓的描述程序。

跳转编程方法主要有四部分：第一设定初始参数（如上例中的 N035. N040 两句）；第二对工件加工轮廓编程（上例中的 N045～N080）；第三给予初始参数的变化范围（如上例中的 N085、N090 两句）；第四给定判断条件（如上例中的 N095 句）。

跳转编程方法可以是精加工，也可是粗加工。上例中，跳转编程用于粗加工。进行精加工时，也要有刀补参数的建立，恒线速控制加工、主轴最高限速以及刀补参数的取消程序。

典型零件加工操作

(1)启动数控车床，系统上电。

(2)数控车床回零。

(3)装夹刀具和毛坯。

(4)对加工用刀具进行对刀。

(5)手动/自动输入程序。

(6)进行图形模拟（根据不同系统配置，有的数控系统没有图形模拟功能，可进行数控软件仿真模拟）。

(7)单段、自动运行加工。

典型件操作加工疑难点

(1)刀具对刀参数界面要正确。

(2)输入对刀参数值要注意刀具号的准确性。

(3)量具读数要准确。

(4)如采用跳转编程加工,输入程序时,注意 G0 与 GO 的区别,不能输错。

(5)图形模拟时,检查刀具的运行轨迹是否符合工件形状。

(6)加工中的安全注意事项。

思考与练习

已知毛坯直径 φ35mm,45 钢。

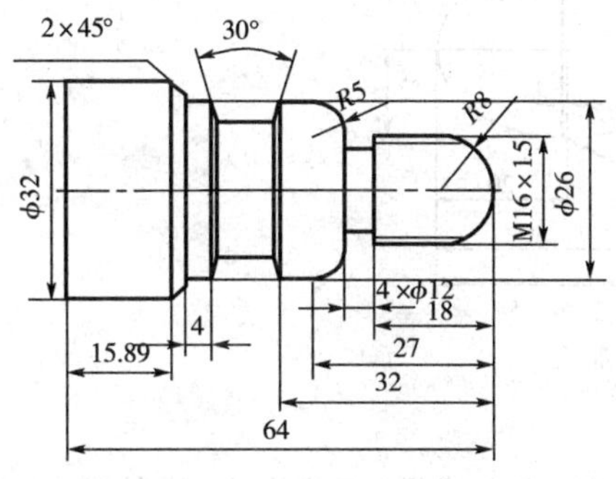

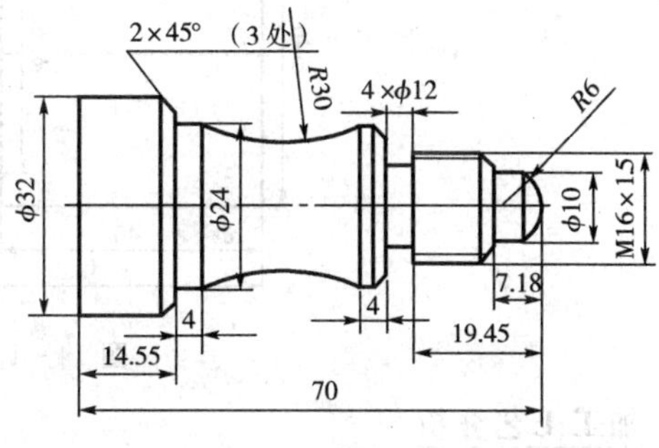

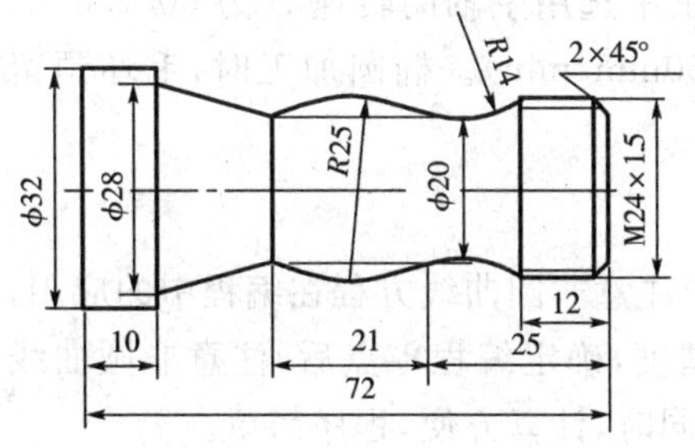

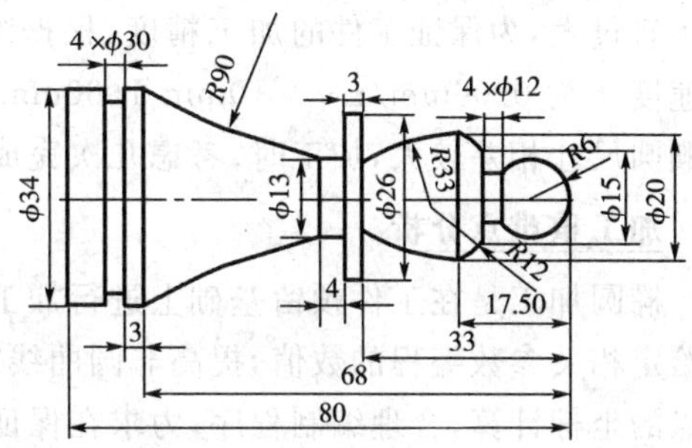

第十四章　非圆曲线的加工

数控系统一般只能作直线插补和圆弧插补的切削运动。如果工件轮廓是非圆曲线，数控系统就无法直接实现插补，而需要通过一定的数学处理。数学处理的方法是，用直线段或圆弧段去逼近非圆曲线。

【例 14－1】 加工图 14－1 所示工件，毛坯 $\phi 50\times100$，45 钢。

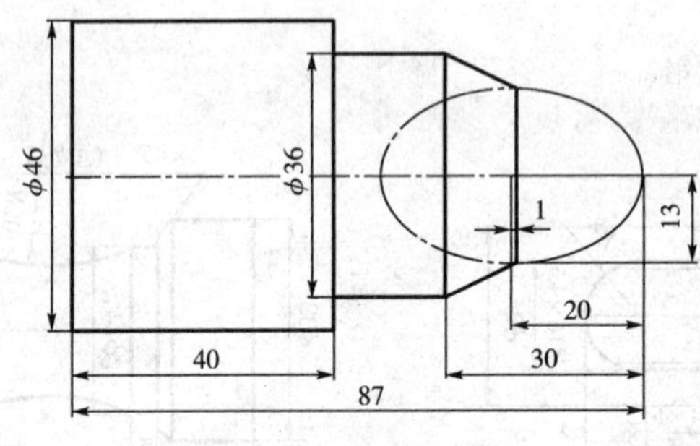

图 14－1　椭圆的加工

加工工艺分析

此工件含非圆曲线（椭圆），加工时，加工切削深度（背吃刀量）不宜太大，进给速度 f 同样不宜过大，为保证工件的加工精度，根据附录，加工中选用主轴的转速 S 为 500r/min，进给速度 f 为 0.06mm/r～0.10mm/r（30mm/min～50mm/min）。椭圆加工时，毛坯预留量与椭圆尺寸相差较大，加工时，考虑几次完成加工。

加工重难点分析

椭圆加工是在工件预留基础上进行加工，加工中注意非圆曲线方程在编程中的应用，合理给定相关参数编程的数值，提高非圆曲线的加工精度，确定编程零点后，注意非圆曲线相关点的坐标计算，合理编制程序，力求在保证质量的同时，计算方便，程序简单。

加工步骤分析

非圆曲线的加工，要熟悉其参数方程，掌握数控车床加工非圆曲线成型面的基本方法。此工件加工时，先加工出台阶轴，而后加工椭圆，具体步骤如下：

(1)采用毛坯切削循环切去部分余量

(2)以右端面的中心点为原点，加工椭圆

加工用工具

(1)刀具

粗、精加工均采用标准机夹刀具，刀具材料也能满足工件加工条件。如无标准刀具，也可刃磨硬质合金刀具，用于加工。

(2)夹具

此工件较短，加工中，可直接用外圆定位，用三爪自定心卡盘装夹工件加工。

(3)量具

可用游标卡尺或千分尺检测。

程序编制(见表 14-1,表 14-2,仅供参考)

表 14-1　例 14-1 工件 FANUC 系统加工程序

行号	程　序	注　释
	O1401	程序名
N005	M03 S500 T0101;	选用机夹车刀菱形刀片
N010	G00 X55.0 Z2.0;	刀具快速移动到循环起点位置
N015	G71 U2.0 R1.0;	每次循环切深 2mm,退刀量 1mm
N020	G71 P25 Q30 U0.5 W0.2 F0.15;	从 025 行程序开始循环到 030 行程序结束;X 轴精加工余量 0.5mm,Z 轴精加工余量 0.2mm
N025	G01 G42 X26.0;	外径粗车循环起点,设定刀尖半径补偿
	G01 Z-19.0;	工件轮廓外形尺寸
	X36.0 Z-30.0;	
	Z-47.0;	
	X46.0;	
	Z-87.0;	
	G00 X55.0;	
N030	Z2.0;	退刀
N035	S800 M3 T0101 F0.1;	精车转速,加工参数调整
N040	G70 P25 Q30 F0.05;	精车循环轮廓程序调用
N045	G00 X27.0;	刀具移到椭圆加工起点位置
N050	Z2.0;	
N055	G50 S1200 M03 F0.05;	设定主轴最高转速 1200mm/min,恒线速 120m/min。进给速度 0.05min/r。
N060	G96 S120;	
N065	#150=26.0;	设置最大切削余量
N070	IF [#150 LT 1] GOTO65;	毛坯余量小于 1,则跳转到 N065 程序段
N075	M98 P1402	调用椭圆子程序
N080	#150=#150-2;	每次背吃刀量双边 2mm
N085	GOTO65;	条件判断后跳转到 N055 程序段
N090	G00 X30.0 Z2.0;	退刀
N100	#150=0;	设置毛坯余量为 0

（续表）

行号	程　序	注　释
N105	M98 P1402；	调用椭圆子程序
N110	G0 G40 X100.0 Z50.0；	退刀，并取消刀补
N120	M30；	程序停止
	O1402；	椭圆子程序
N005	＃101＝20；	长半轴
N010	＃102＝13；	短半轴
N015	＃103＝20；	Z 轴起始尺寸
N020	IF[＃103LT1] GOTO50；	判断是否走到 Z 轴终点，是则跳转到 N50
N025	＃104＝SQRT[＃101 * ＃101 - ＃103 * ＃103]；	X 轴变量
N030	＃105＝13 * ＃104 / 20；	
N035	G1 X[2 * ＃105＋＃150] Z[＃103 - 20]；	椭圆插补（将椭圆当成直线插补）
N040	＃103 ＝ ＃103 - 0.5；	Z 轴变量步距，每次沿 Z 轴减小 0.5mm
N045	GOTO20；	跳转到 N20 程序段
N050	G0 U2 Z2；	退刀
N055	M99；	子程序结束

表 14-2　例 14-1 工件 SIEMENS802s/c 系统加工程序

行号	程　序	注　释
	SK1401	程序名
N005	G54 G90 G94 M03 S500 T1 F80	选用菱形刀片机夹车刀，转速等设置
N010	G158 Z… X…	零点偏移
N015	G00 X55 Z2	快进到外径粗车循环起点
N020	_CNAME＝“L1401”	轮廓循环子程序定义
	R015＝1	加工方式
	R106＝0.25	精加工余量 0.25mm（半径值）
	R108＝2	背吃刀量 2（半径值）
	R109＝0	粗加工切入角 0°
	R110＝2	粗加工横向退刀量 1mm（半径值）
	R111＝80	粗加工进给速度

（续表）

行号	程　序	注　释
N025	LCYC95	调用轮廓循环
N030	G0 X60 Z100	刀具快速到固定点
N035	M5	主轴停转
N040	M0	程序暂停，检测工件
N045	S800 M3 T1 D1	添加刀补
N050	G96 S120 LIMS=1200 F0.05	限定主轴最高转速 1200r/min，恒线速 120m/min，进给速度 0.05mm/r。
N055	G42 G0 X27 Z2	刀具移到轮廓精加工起点位置，并建立刀尖半径补偿
N060	L1401	调用轮廓子程序精加工
N065	G0 X27 Z2	刀具移到椭圆加工起点位置
N070	R_{20}=12.5	*R* 参数赋值，设置 *X* 轴偏移值
N075	MA1:G158 X=R20	标记符 MA1，*X* 轴零点偏移 12.5
N080	L1402	调用椭圆子程序
N085	R20=R20-2	修改 *X* 轴偏移值，每次背吃刀量双边 2mm
N090	IF R20>=1 GOTOB MA1	条件跳转：若未完成粗加工，跳转返回 MA1
N095	G00 X27 Z2	退刀
N100	S800 F80	精加工转速，进给调整
N105	G158	取消可编程零点偏移值
N110	R20=0	修改 *X* 轴零点偏移值，设置毛坯余量为 0
N115	L1402	调用椭圆子程序，精加工椭圆
M20	G0 G40 X100 Z50	退刀
N125	M05	主轴停转
N130	M02	程序停止
	L1401	轮廓子程序
N005	G1 X26 Z0	快进到外径粗车循环起点
N010	Z-19	毛坯轮廓形状尺寸
N015	X36 Z-29	
N020	Z-47	
N025	X46	
N030	Z-87	
N035	X50	
N040	M17	子程序结束

（续表）

行号	程 序	注 释
	L1402	椭圆子程序
N005	R1=20	长半轴
N010	R2=13	短半轴
N015	R3=20	*Z*轴起始尺寸
N020	MA2:R4=13 * SQRT(R1 * R1 - R3 * R3)/20	标记符 MA1,设置短轴(*X*)变量
N025	G1 X=2 * R4 Z=R3 - 20	椭圆插补
N030	R3=R3 - 0.5	*Z*轴变量步距,每次*Z*轴减小 0.5mm 。
N035	IF R3>=1 GOTOB MA2	条件跳转:若椭圆未加工完毕,跳转返回 MA2
N040	G91 G0 X2	退刀
N045	G90 Z2	退刀
N050	M17	子程序结束并返回

编程疑难点

(1)根据非圆曲线的参数表达方式,确定自变量和应变量,由参数方程计算出变量的参数表达式。根据不同系统,用不同的方程式表达。

(2)使用参数编程时,椭圆方程式为$\frac{X^2}{a^2}+\frac{Z^2}{b^2}=1$,以*Z*轴值为自变量,每次变化 0.5mm,*X*值为应变量,通过参数方程计算出相应*X*坐标值,即 X＃101=2 * SQRT[[[1 -＃101 * ＃101/400] * 169]](FANUC 系统)或 X=2 * SQRT(((1 - R1 * R1/400) * 169))(SIEMENS802s/c 系统)

(3)用户宏程序与子程序:用户宏程序是 FANUC 数控系统及类似产品中的特殊编程功能。用户宏程序的实质与子程序(SIEMENS 系统)相似,它也是把一组实现某种功能的指令,以子程序的形式预先储存在系统存储器中,通过宏程序调用指令执行这一功能。

(4)变量:在常规的主程序和子程序内,总是将一个具体的数值赋予一个地址,为了使程序更加具有通用性,灵活性,故在宏程序中设置了变量。

①变量的表示:

FANUC 系统	SIEMENS802s/c 系统
一个变量有符号“＃”和变量号组成,如＃i(i=1,2,3……)例＃[＃1+＃2+13] 当＃1=10 ＃2=100 时,该变量表示＃120	R 参数有地址符 R 与若干位数字组成。例:R1,R10,R105

②变量的引用：

FANUC 系统	SIEMENS802s/c 系统
将跟随在地址符后的数值用变量来代替的过程成为引用，表达式必须全部写入方括号“[ ]”中，括号中的圆括号“( )”仅用于注释。例： G01 X[＃100－30.0] Z－＃101 F[＃101＋＃103]； 当＃100＝100.0 时，＃101＝50.0，＃103＝80.0 时，上面语句即表示为 G01 X70.0 Z－50.0 F130；	R 参数可以用来代替其他任何地址符后面的数值。但是使用参数编程时，地址符与参数间必须通过“＝”连接，这一点与 FANUC 中宏程序编写格式有所不同。例： G01 X＝R10 Z＝－R11 F＝100－R12 当 R10＝100、R11－50、R12－20 时，上式即表示为： G01 X100 Z－50 F80 在参数赋值中，数值取整数时可省略小数点

(5)控制指令：

①格式之一：

FANUC 系统	SIEMENS802s/c 系统
GOTO n； 例：GOTO 1000； 该例为无条件转移，当执行该程序段时，将无条件转移到 N1000 程序段执行。	GOTOF Lable；向前跳转 GOTOB Lable；向后跳转 Lable 表示所选用的标记符。GOTOF，GOTOB 是程序向前和向后跳转的指令

②格式之二：

FANUC 系统	SIEMENS802s/c 系统
IF [条件表达式] GOTO n ； 该例为有条件转移语句。如果条件成立，则转移到 N1000 程序段执行；如果条件不成立，则执行下一程序段。 WHILE [条件表达式] DO m(m＝1，2，3……) …… END m；当条件满足时，就循环执行 WHILE 与 END 之间的程序段 m 次；当条件不满足时，就执行 END m 的下一程序段。	IF [条件表达式] GOTOF Lable ；向前跳转。 IF [条件表达式] GOTOB Lable ；向后跳转。 GOTOF 是程序向前的指令(向程序结束的方向跳转) GOTOB 是程序向后的指令(向程序结开始的方向跳转) Lable 为跳转目标

(6)条件表达式的种类：

FANUC 系统		SIEMENS802s/c 系统		意义
条件	示例	条件	示例	
＃i EQ ＃j	IF[＃5EQ＃6] GOTO100	＝＝	IF R1＝＝R2 GOTOB MA1	等于
＃i NE ＃j	IF[＃5NE＃6] GOTO100	<>	IF R1<>R2 GOTOB MA1	不等于
＃i GT ＃j	IF[＃5GT＃6] GOTO100	>	IF R1 > R2 GOTOB MA1	大于
＃i GE ＃j	IF[＃5GE＃6] GOTO100	>＝	IF R1>＝R2 GOTOB MA1	大于等于
＃i LT ＃j	IF[＃5LT＃6] GOTO100	<	IF R1 < R2 GOTOB MA1	小于
＃i LE ＃j	IF[＃5LE＃6] GOTO100	<＝	IF R1<＝R2 GOTOB MA1	小于等于

思考与练习

编制下图工件加工程序，45 钢。

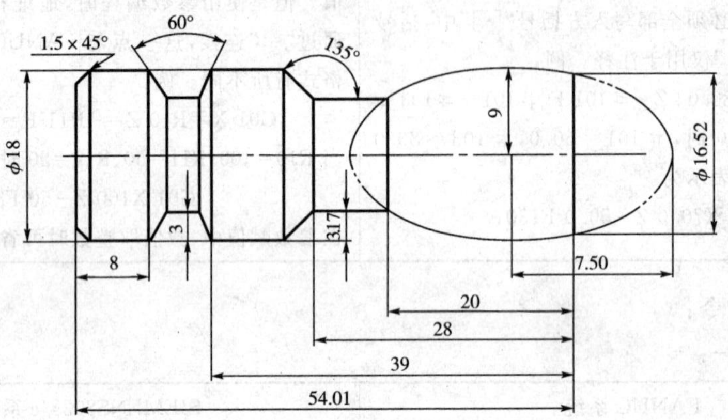

(1)毛坯直径 20mm

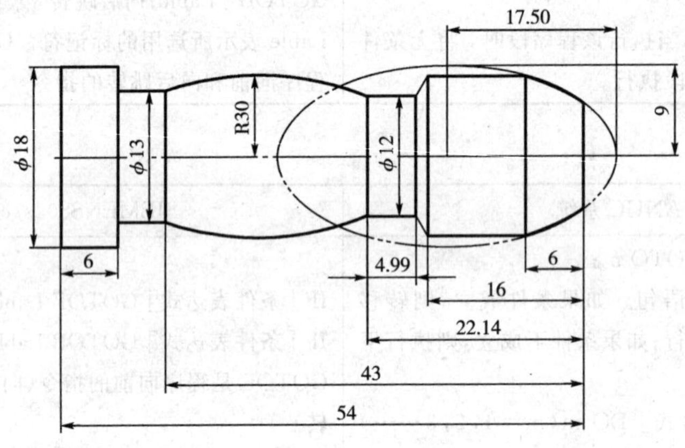

(2)毛坯直径 20mm

第十五章 CAXA数控车XP

CAXA数控车是我国北京北航海尔软件有限公司在全新的数控加工平台上开发的数控车床加工编程和二维图形设计软件。CAXA数控车具有CAD软件的强大绘图功能和完善的外部数据接口,可以绘制任意复杂的图形,可通过DXF、IGES等数据接口与其它系统交换数据。它基于微机平台,采用原创的Windows菜单和交互方式,全中文界面,便于轻松地学习和操作。它全面支持图标菜单、工具条和快捷键。用户还可以自由创造符合自己习惯的操作环境。由于本软件易学易用,已在国内众多企业和研究院所得到应用。

第一节 CAXA数控车XP简介

一、界面介绍

CAXA数控车系统界面如图15-1所示,和其他Windows风格的软件一样,各种应用功能通过菜单栏和工具条驱动;状态栏指导用户进行操作并提示当前状态和所处位置;绘图区显示各种绘图操作的结果。同时,绘图区和参数栏为用户实现各种功能提供数据的交互。

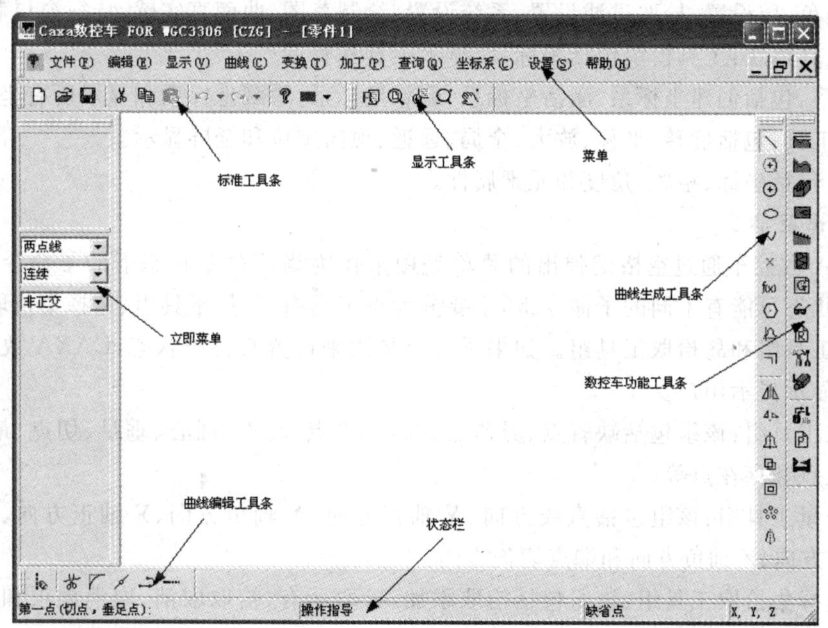

图15-1 CAXA数控车界面

本软件系统可以实现自定义界面布局。工具条中的每一个图标都对应一个菜单命令,单击图标和单击菜单命令得到的结果是一样的。

二、功能驱动方式

CAXA数控车采用菜单驱动、工具条驱动和热键驱动相结合的方式,根据用户对

CAXA 数控车运用的熟练程度，用户可以选择不同的命令驱动方式。

1. 主菜单命令

菜单栏包含系统所有功能项，为方便使用，CAXA 数控车把菜单项按不同类别分类，功能基本分类如下：

(1)文件模块：它主要对系统的文件进行管理。文件管理包括：新建、打开、关闭(关闭当前的文件)、保存、另存为、数据输入、数据输出和退出等。

(2)编辑模块：它主要对已有的对象进行编辑。编辑包括：撤消、恢复、剪切、复制、粘贴、删除、元素不可见、元素可见、元素颜色修改和元素层修改等。

(3)应用模块：它是最重要的模块，CAXA 数控车各种曲线生成、线面编辑、后置处理、轨迹生成和几何变换等功能项都在其中。

曲线生成包括：直线、圆、圆弧、样条、点、公式曲线、多边形、二次曲线、椭圆和等距线等。

轨迹生成包括：刀具库管理、平面轮廓加工、平面区域加工、参数线加工、限制线加工、曲面轮廓加工、曲面区域加工、投影加工、曲线加工、粗加工、钻孔、等高线加工和轨迹生成批处理等。

后置处理包括：后置设置、生成 G 代码和校核 G 代码。

线面编辑包括：曲线裁剪、曲线过渡、曲线打断、曲线组合和曲线拉伸等。

几何变换包括：平移、平面旋转、旋转、平面镜像、镜像、阵列和缩放等。

(4)设置模块：设置模块用来设置当前工作状态、拾取状态和用户界面的布局。模块包括：当前颜色、层设置、拾取过滤设置、系统设置、绘制草图、曲面真实感、特征窗口和自定义。

(5)工具模块：工具模块包括坐标系、显示工具和查询。

坐标系：包括创建坐标系、激活坐标系、删除坐标系、隐藏坐标系和显示所有坐标系。

显示工具：包括旋转、平移、放大、全局、远近、视向定位和全屏显示。

查询：包括坐标、距离、角度和元素属性。

2. 弹出菜单

CAXA 数控车通过空格键弹出的菜单是用来作为当前命令状态下的子命令。不同的命令执行状态可能有不同的子命令组，主要分为点工具组、矢量工具组、选择集拾取工具组、轮廓拾取工具组和岛拾取工具组。如果子命令是用来设置某种子状态，CAXA 数控车会在状态栏中显示提示用户。

(1)点工具组：该组包括缺省点、屏幕点、端点、中点、交点、圆心、垂足、切点、最近点、控制点、刀位点和存在点等。

(2)矢量工具组：该组包括直线方向、X 轴正方向、X 轴负方向、Y 轴正方向、Y 轴负方向、Z 轴正方向、Z 轴负方向和端点切矢方向。

(3)选择集拾取工具组：该组包括拾取添加、拾取所有、拾取取消、取消尾项和取消所有等。

(4)轮廓拾取工具组：该组包括单个拾取、链拾取和限制链拾取等。

(5)岛拾取工具组：该组包括单个拾取、链拾取和限制链拾取等。

3. 工具条驱动

CAXA 数控车与其他 Windows 应用程序一样，为比较熟练的用户提供了工具条命令驱动方式。它把用户经常使用的功能分类组成工具组，放在显眼的地方以备用户方便使用。

CAXA 数控车为用户提供了标准栏、草图绘制栏、显示栏、曲线栏、特征栏、曲面栏和线面编辑栏。同时,CAXA 数控车为用户提供了自定义功能,用户可以把自己经常使用的功能编辑成组,放在最适当的地方。

4. 鼠标、键盘和热键

(1)鼠标键:鼠标左键可以用来激活菜单,确定位置点、拾取元素等。

例如,要运行画直线功能,要先把光标移动到"直线"图标上,然后单击,激活画直线功能,这时,在命令提示区出现下一步操作的提示:"输入起点:"。

把光标移到绘图区内,单击,输入一个位置点,再根据提示输入第二个位置点,就生成了一条直线。

鼠标右键用来确认拾取、结束操作和终止命令。

例如,在删除几何元素时,当拾取要删除的元素后右击就可以结束拾取,被拾取到的元素就删除掉了。

又如,在生成样条曲线的功能中,当顺序输入一系列点完毕后,右击就可以结束输入点的操作,该样条曲线就生成了。

(2)回车键和数值键:在 CAXA 数控车中,在系统要求输入点时,回车键(ENTER)和数值键可以激活一个坐标输入条,在输入条中可以输入坐标值。如果坐标值以@开始,表示一个相对于前一个输入点的相对坐标,在某些情况也可以输入字符串。

(3)空格键:在系统要求输入点时,按空格键可以弹出点工具菜单。

(4)热键:CAXA 数控车为用户提供热键操作,对于一个熟练的 CAXA 数控车用户,热键将极大地提高了工作效率,用户还可以自定义想要的热键。

在 CAXA 数控车中设置了以下几种功能热键:

F5 键:将当前面切换至 XOY 面,同时将显示平面置为 XOY 面,将图形投影到 XOY 面内进行显示。

F6 键:将当前面切换至 YOZ 面,同时将显示平面置为 YOZ 面,将图形投影到 YOZ 面内进行显示。

F7 键:将当前面切换至 XOZ 面,同时将显示平面置为 XOZ 面,将图形投影到 XOZ 面内进行显示。

F8 键:显示轴测图,按轴测图方式显示图形。

F9 键:切换当前面,将当前面在 XOY、YOZ、ZOX 之间进行切换,但不改变显示平面。

方向键:显示旋转。

Ctrl+方向键:显示平移。

Shift+上方向键:显示放大。

Shift+下方向键:显示缩小。

三、基本概念

1. 工作坐标系

工作坐标系是用户建立模型时的参考坐标系。系统缺省的坐标系叫做"绝对坐标系",用户定义的坐标系叫做"工作坐标系"。

系统允许同时存在多个坐标系。其中正在使用的坐标系叫做"当前工作坐标系",其坐标架为红色,其他坐标的坐标架为白色。用户可以任意设定当前工作坐标系。

在实际使用中，为作图的方便，用户常常需在特定的坐标系下操作。

2. 当前工作坐标系

当前工作坐标系是用户正在使用的坐标系，所有的输入均针对当前工作坐标系而言。区别于其他坐标系，当前工作坐标系以红色表示。用户可以通过激活坐标系命令在各坐标系间切换。

3. 当前颜色

当前颜色是系统目前使用的颜色，生成的曲线或曲面的颜色取当前颜色。

当前颜色显示在屏幕顶部的状态显示区。

当前颜色可设定为当前层的颜色，只需简单地单击标记有“L”的颜色块。

对不同的因素选用不同的颜色，包括造型中常用的手法，这样容易看清楚不同图案之间的关系。

刀具轨迹的颜色不随当前颜色的改变而改变。

4. 当前层

当前层是指系统目前使用的图层，生成的因素均属于当前层。

当前层名称显示在屏幕顶部的状态显示区。

当前层的设定在图层管理功能里进行。

以图层对图形进行管理即对图形进行分层次的管理，这是一种重要的图形管理方式。将图形按指定的方式分层归属，并按层给定属性，可以实现复杂图形的分层次处理，需要时又可以组合在一起进行处理。

图层有其状态和属性，每一个图层有一个惟一的图层名，图层有其颜色属性，可将图层的颜色指定为当前颜色。图层的状态有可见性和操作锁定设置。通过图层可见性的设置可以实现整个图层上的因素的不可见(置于“隐藏”状态)；如果图层处于“锁定”状态，则对该图层上的所有因素均不能进行操作及无法拾取，因此，“锁定”状态可用来对因素进行保护不被修改。

5. 当前文件

当前文件是系统目前使用的图形文件。

当前文件名称显示在屏幕顶部的状态显示区。

系统初始没有文件名，只在用“打开文件”、“存储文件”或“存文件为”等操作后才赋予了文件名。

与其他计算机系统类似，本系统也采用文件形式存储信息，系统生成的图形文件以“mxe”作为后缀，这是本系统特定的文件格式。

6. 可见性

对生成的因素指定其是否在屏幕上显示出来，如指定某因素为不可见即隐藏该因素。

使某些元素在屏幕上不可见，是进行复杂零件造型时常用的手段之一，这样可以使屏幕上可见的因素减少，可集中注意力于特定因素，比较容易看清楚因素之间的关系，拾取也比较方便，显示速度也加快。

不可见的因素只是在屏幕上不出现，如果需要可用“可见”功能使其重新显示在屏幕上。

7. 接口

CAXA 数控车的接口是指与其他 CAD/CAM 文档和规范的衔接能力。CAXA 数控车充分考虑不同数据的轻重缓急，优化成特有的 MXE 文件，同时，对 CAXA—ME 1.0,2.0,

2.1 版无限兼容。

CAXA 数控车接口能力非常出色，不仅可以直接打开 X－T 和 X－B 文件（PARASOLID 的实体数据文件），而且可以输入 DXF 数据文件（一种标准数据接口格式文件）、IGES 数据文件（一种标准数据接口格式文件）、DAT 数据文件（自定义数据文本文件格式）为 CAXA 数控车使用，也可以输出 DXF、IGES、X－T、X－B、SAT、WRL、EXB 为其他应用软件所使用，为 Internet 的浏览和数据传输服务。

第二节 CAXA 数控车 XP 编程实例

用 ϕ50mm 的铝棒加工如图 15－2 所示的零件，完成零件的工艺分析和加工程序的编制。

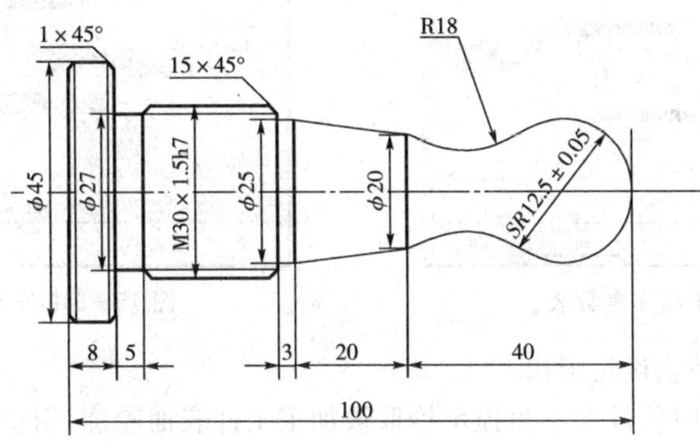

图 15－2 典型车削零件

该零件是一个典型的轴类零件，包括外圆、端面、沟槽、锥度、特形面、螺纹的加工。分别需要 93°右外圆车刀、切断刀和螺纹车刀。加工步骤为：粗车外轮廓—精车外轮廓—粗精车退刀槽—螺纹加工—切断保证 100 总长（手动）。

分析完加工工艺后，接下来运用 CAXA 数控车 XP 自动编程软件来实现对零件的轮廓加工和代码生成等操作。

一、建模

运用 CAXA 数控车 XP 的 CAD 功能对零件进行建模，如图 15－3 所示。生成加工轨迹时，只须绘制要加工部分的外轮廓和毛坯轮廓（画一半），组成封闭的区域，其余线条不必画出。具体操作可通过菜单栏选择“曲线”里的一系列工具来实现，或者直接点击窗口右侧的曲线编辑工具来实现。画图方法与一般 CAD 绘图软件类似。

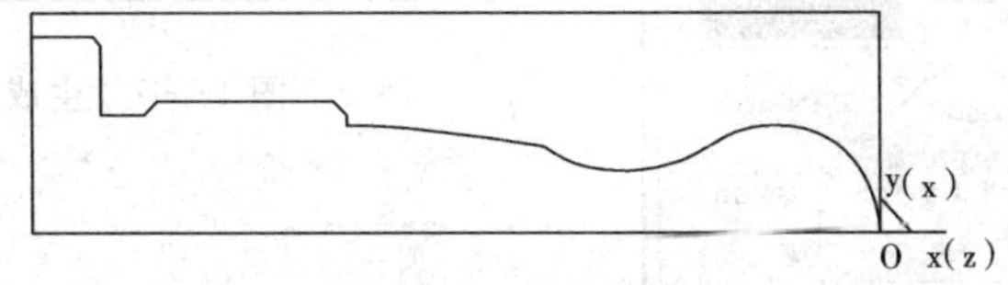

图 15－3 零件图建模

二、轮廓加工

建模完成后，我们就可以对该零件进行加工了，具体操作步骤如下：

1. 轮廓粗加工

(1)确定粗车参数:可通过菜单栏“加工”—“轮廓粗车”来实现,或点击按钮。弹出如图 15-4 显示的对话框,填写粗车参数表各参数,如加工参数、进退刀方式、切削用量和刀具参数。具体填写内容如图 15-5、图 15-6 所示,进退刀方式可采用默认值。

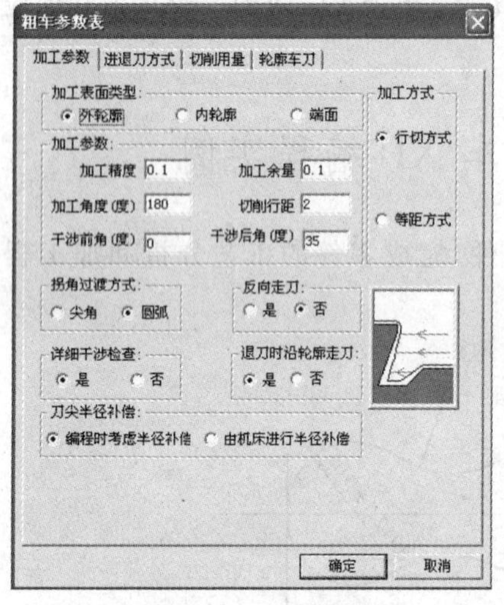

图 15-4 粗车参数表

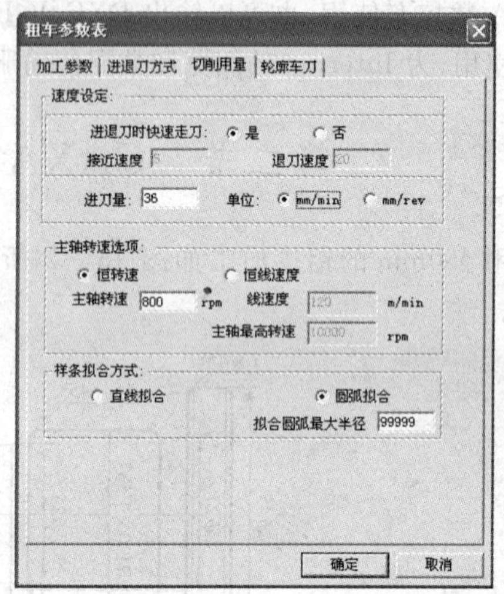

图 15-5 粗车切削用量

填好参数表后,单击确定退出。

(2)拾取轮廓:此时软件左下角提示拾取被加工工件表面轮廓,用空格键弹出工具菜单,系统提供三种拾取方式供选择,在此选择单个拾取,然后依次拾取加工的轮廓,单击鼠标右键确认,这时提示拾取定义的毛坯轮廓,拾取方法与拾取加工轮廓类似,右键确定。

(3)确定进退刀点:系统提示输入进退刀点,该点可为换刀点,也可为机床参考点,视不同机床而定。为了便于观察,操作者可以用鼠标左键随便在适当位置点击设置进退刀点,或者直接按鼠标右键可忽略该点的输入。

(4)生成刀具粗加工轨迹:确定进退刀点后,系统生成粗加工轨迹如图 15-7 所示。

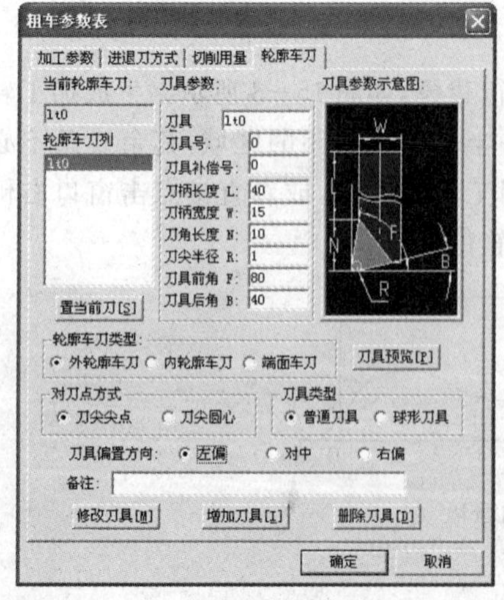

图 15-6 粗车刀具参数

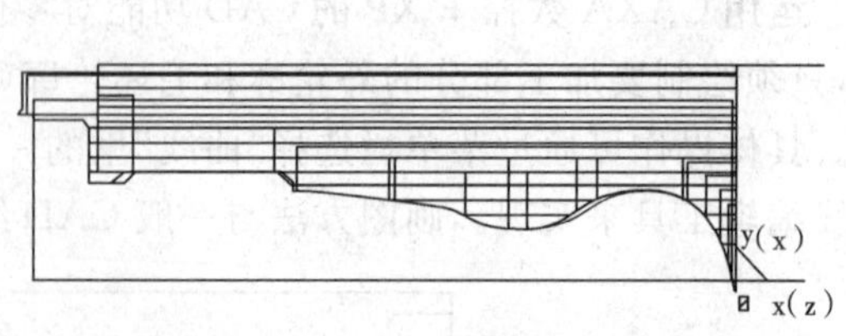

图 15-7 生成粗加工轨迹

(5)模拟仿真：利用系统提供的模拟仿真功能进行刀具轨迹模拟，验证刀具路径是否正确，是否干涉和过切现象。选择“加工”—“轨迹仿真”，或点击按钮。在左侧立即菜单中有三种状态，分别是动态、静态和二维实体。这里我们选择二维实体仿真，有便于观察刀具的形状和车削过程，可通过修改步长控制仿真演示的快慢，如图 15－8 所示。

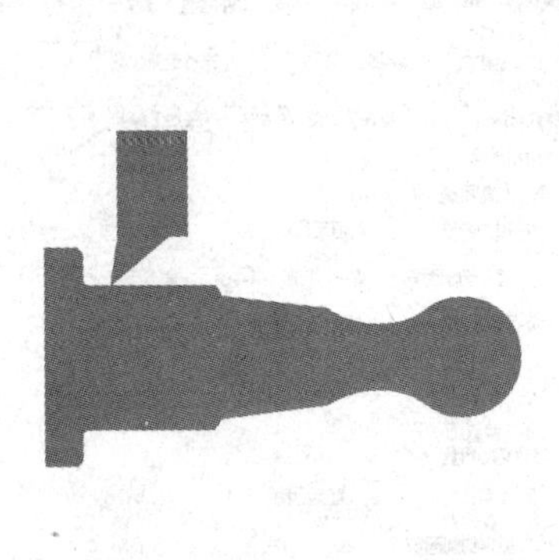

图 15－8　模拟仿真

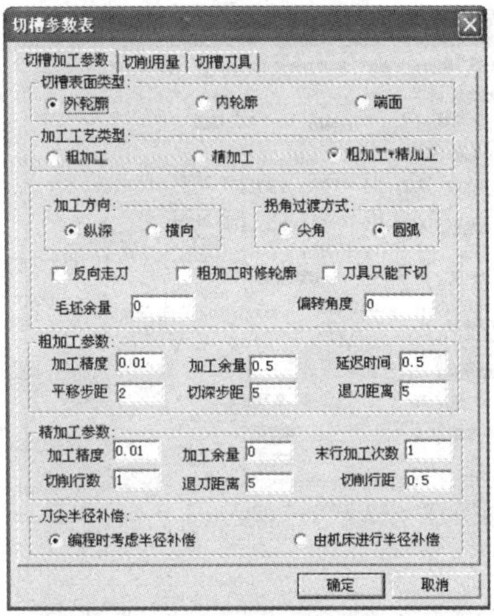

切槽参数表
切槽加工参数 | 切削用量 | 切槽刀具
切槽表面类型：外轮廓　内轮廓　端面
加工工艺类型：粗加工　精加工　粗加工+精加工
加工方向：纵深　横向
拐角过渡方式：尖角　圆弧
反向走刀　粗加工时修轮廓　刀具只能下切
毛坯余量 0　偏转角度 0
粗加工参数：
加工精度 0.01　加工余量 0.5　延迟时间 0.5
平移步距 2　切深步距 5　退刀距离 5
精加工参数：
加工精度 0.01　加工余量 0　末行加工次数 1
切削行数 1　退刀距离 5　切削行距 0.5
刀尖半径补偿：编程时考虑半径补偿　由机床进行半径补偿
确定　取消

图 15－9　切槽加工参数表

2. 轮廓精加工

轮廓精加工与粗加工大同小异，只是参数不同。选择“加工”—“轮廓精车”，弹出精车参数表，与粗车不同的是，加工参数一栏，加工余量为 0，干涉后角可设为 60°。车削用量根据切削经验，精车进刀量应稍慢，主轴转速略快。参数设定完毕后点击确定退出，单个拾取加工轮廓表面，右键确定完成，指定进退刀点，生成精加工轨迹，也可通过仿真功能观察切削情况。

3. 切槽加工

切槽加工在本例的功能是作为加工螺纹的退刀槽，所以可选择粗精加工一起执行，具体参数设置如图 15－9、图 15－10、图 15－11 所示。

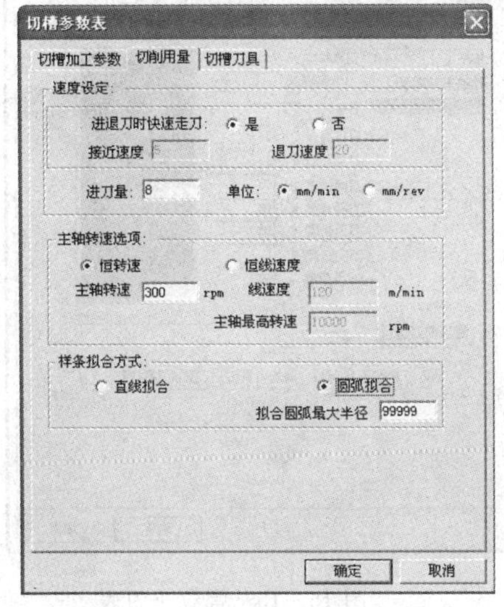

图 15－10　切槽切削用量表

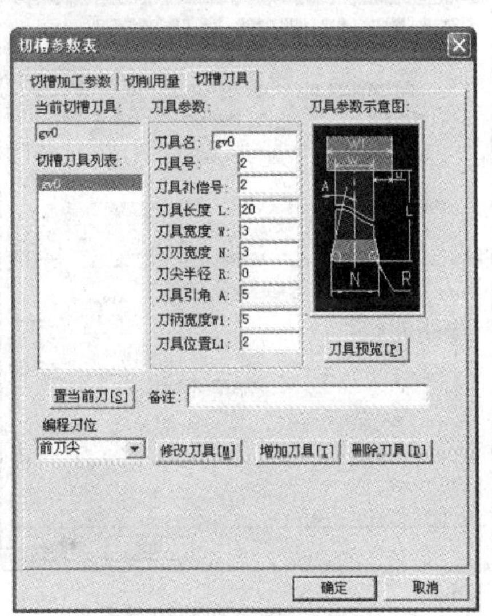

图 15－11　切槽刀具表

4. 螺纹加工

本例螺纹是螺距为 1.5mm 的三角螺纹，首先选择“加工”—“车螺纹”选项，此时软件左下角提示拾取螺纹起始点，用鼠标拾取螺纹起点和螺纹终点，系统弹出螺纹参数表，可对螺纹参数进行设置，如图 15－12、15－13、15－14 和 15－15 所示。

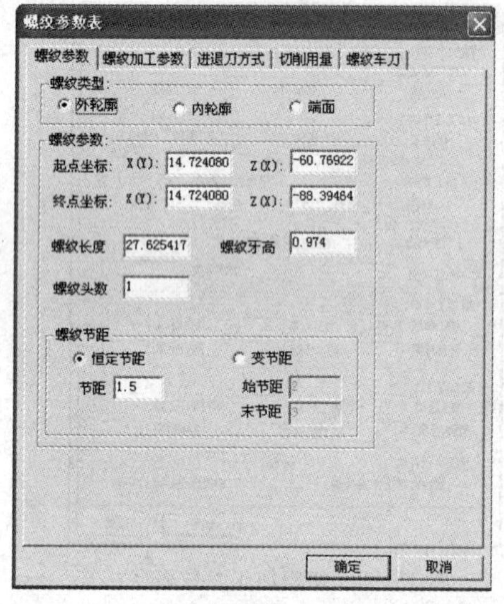

图 15－12　螺纹参数表

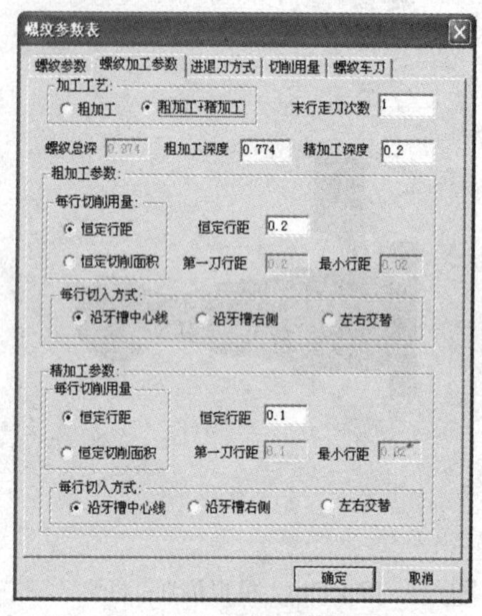

图 15－13　螺纹加工参数表

进退刀方式选默认值即可。需要注意的是螺纹参数中起点坐标和终点坐标的 Z 值与螺纹长度一定要加上螺纹引入距离和超越距离，填写完参数后点击确定退出。系统生成螺纹加工轨迹，在进行仿真时螺纹没有二维实体仿真。可以选择动态，然后把步长调小，可以观察到刀具从引入距离开始切削，到超越距离结束退刀这样进行循环切削。至此零件已经加工完毕，一共生成 4 条加工轨迹，如图 15－16 所示。

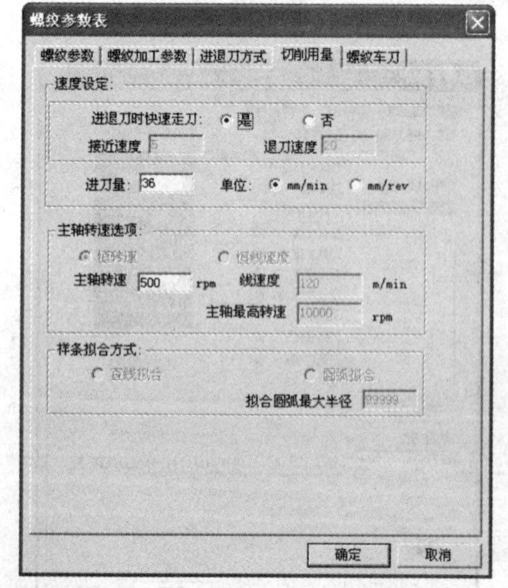

图 15－14　螺纹切削用量表

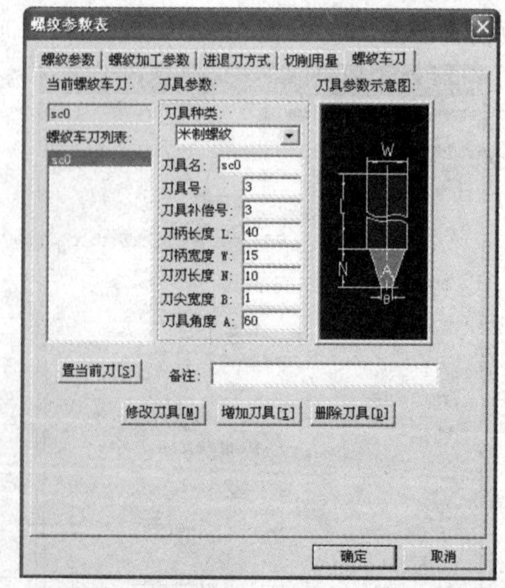

图 15－15　螺纹车刀表

y(x)
x(z)

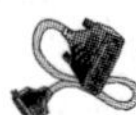

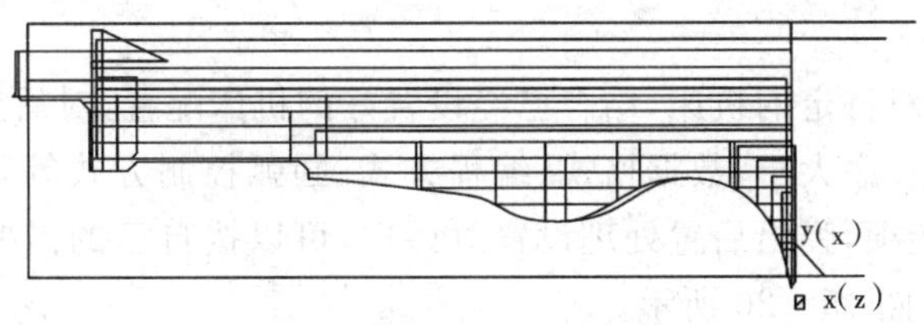

图 15－16　零件的加工轨迹图

三、机床设置

机床设置就是针对不同的机床，不同的数控系统，设置特定的数控代码、数控程序格式及参数，并生成配置文件。生成数控程序时，系统根据该配置文件的定义，生成用户所需要的特定代码格式的加工指令。

选择“加工”—“机床设置”选项，弹出机床类型设置对话框，在这个对话框内，可以增加所需要的机床，并对该机床的指令进行设置。

SIEMENS 802 数控系统机床设置如图 15－17 所示，FANUC 数控系统机床设置如图 15－18 所示。

机床类型设置
机床名: SIEMENS
增加机床
删除机床
行号地址: N
行结束符:
速度指令: F
换刀指令: T
快速移动: G00
顺时针圆弧插补: G02
逆时针圆弧插补: G03
直线插补: G01
主轴转速: S
主轴正转: M03
主轴反转: M04
主轴停: M05
冷却液开: M08
冷却液关: M09
绝对指令: G90
相对指令: G91
恒线速度: G96
恒角速: G97
最高转速限: G26
螺纹切削: G33
半径左补偿: G41
半径右补偿: G42
半径补偿关闭: G40
长度补偿:
坐标系设置: G54
延时指令: G04
程序起始符号:
分进给: G94
程序停止: M02
延时表示: F
程序结束符号:
转进给: G95
刀具号和补偿号输出位　一位　补足两位
螺纹节距: K
说明: O $POST_CODE
程序头: $G50 $ $SPN_F $MAX_SPN_SPEED @G00 $ $IF_CONST_VC $ $SPN_F $CONST_
换刀: M01@ $G50 $ $SPN_F $MAX_SPN_SPEED @G00 $ $IF_CONST_VC $ $SPN_F $C
程序尾: $COOL_OFF@$PRO_STOP
确定[O]
取消[C]

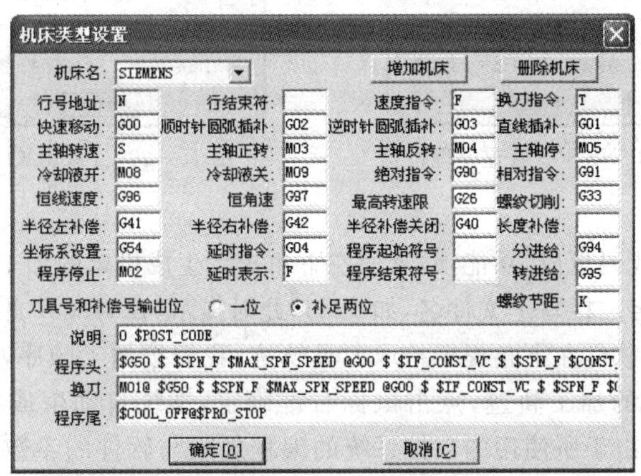

图 15－17　SIEMENS 802 数控系统机床设置

机床类型设置
机床名: FANUC
增加机床
删除机床
行号地址: N
行结束符:
速度指令: F
换刀指令: T
快速移动: G00
顺时针圆弧插补: G02
逆时针圆弧插补: G03
直线插补: G01
主轴转速: S
主轴正转: M03
主轴反转: M04
主轴停: M05
冷却液开: M08
冷却液关: M09
绝对指令: G90
相对指令: G91
恒线速度: G96
恒角速: G97
最高转速限: G50
螺纹切削: G33
半径左补偿: G41
半径右补偿: G42
半径补偿关闭: G40
长度补偿: G43
坐标系设置: G54
延时指令: G04
程序起始符号:
分进给: G98
程序停止: M30
延时表示: X
程序结束符号:
转进给: G99
刀具号和补偿号输出位　一位　补足两位
螺纹节距: K
说明: ($POST_NAME , $POST_DATE , $POST_TIME)
程序头: $G90 $WCOORD $G0 $COORD_Y $COORD_X@$SPN_F $SPN_SPEED $SPN_CW
换刀: $SPN_OFF@$SPN_F $SPN_SPEED $SPN_CW
程序尾: $SPN_OFF@$PRO_STOP
确定[O]
取消[C]

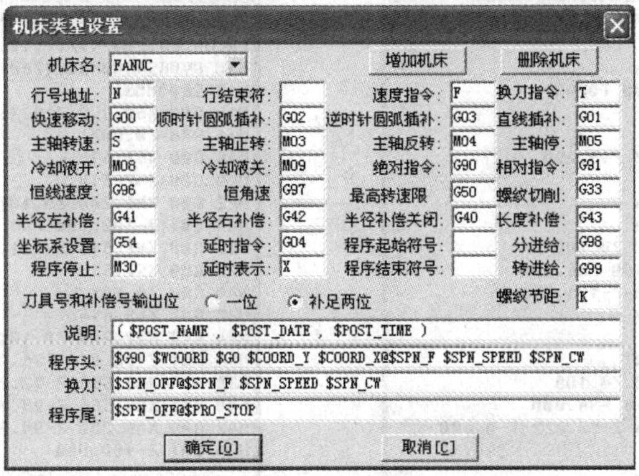

图 15－18　FANUC 数控系统机床设置

四、后置处理

后置处理就是针对特定的机床，结合已经设置好的机床配置，对后置输出的数控程序的格式(如程序段行号、程序大小、数据格式、编程方式、圆弧控制方式等)进行设置。选择“加工”—“后置处理”功能项，弹出后置处理设置对话框，可以按自己的需要更改已有机床的后置设置，如图 15－19、图 15－20 所示。

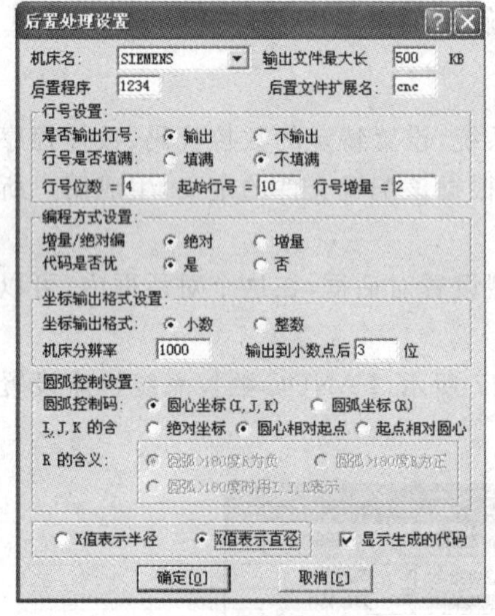

图 15－19　SIEMENS 802 后置处理设置

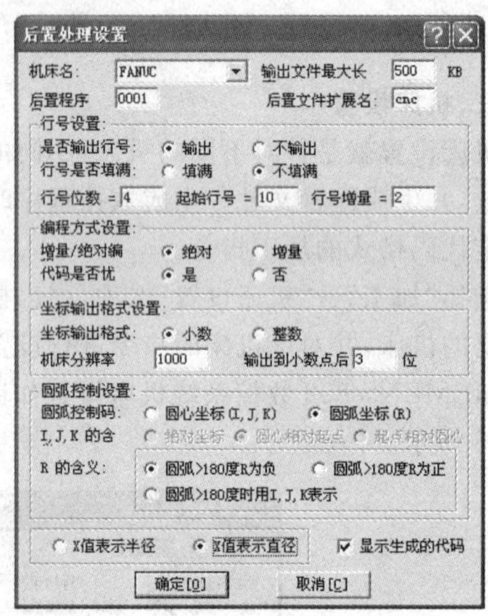

图 15－20　FANUC 后置处理设置

五、代码生成

选择“加工”—“代码生成”功能项，界面左下角提示生成机床的加工指令，弹出选择后置文件对话框，在文件名一栏写上文件名，如 1234，此时提示“1234. cut 此文件不存在，是否创建该文件?”，点“是”，软件左下角提示拾取刀具轨迹，我们按加工顺序，依次拾取粗加工、精加工、切槽、螺纹加工的加工轨迹，点击鼠标右键确定，系统自动生成加工代码，如图 15－21、图 15－22 所示。由于所使用的数控系统的编程规则与软件的参数设置有差异，生成的数控程序需进一步修改，修改无误后，通过 RS232 串行口，可以直接传输给数控机床。

111.cnc - 记事本

文件(F)　编辑(E)　格式(O)　查看(V)　帮助(H)

```
01235
N10 G50 S10000
N12 G00 G97 S800 T0000
N14 M03
N16 M08
N18 G00 X60.352 Z13.250
N20 G00 Z0.807
N22 G00 X57.614
N24 G00 X47.614
N26 G00 X46.200 Z0.100
N28 G01 Z-102.100 F36.000
N30 G00 X47.614 Z-101.393
N32 G00 X57.614
N34 G00 Z0.807
N36 G00 X43.614
N38 G00 X42.200 Z0.100
N40 G01 Z-92.078 F36.000
N42 G03 X42.556 Z-92.222 I-0.600
K-0.922
```

图 15－21　SIEMENS 802 程序

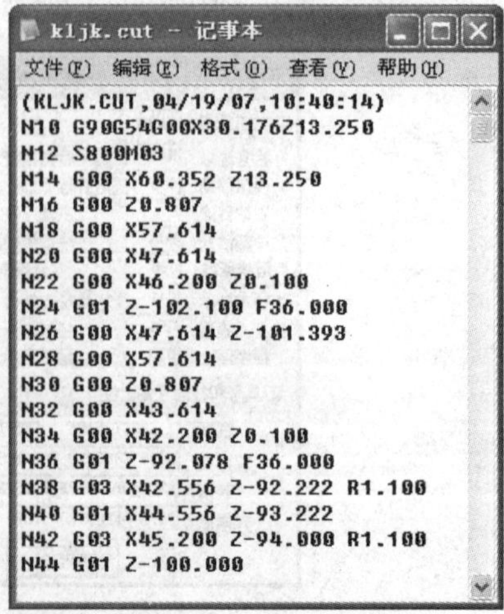

kljk.cut - 记事本

文件(F)　编辑(E)　格式(O)　查看(V)　帮助(H)

```
(KLJK.CUT,04/19/07,10:40:14)
N10 G90G54G00X30.176Z13.250
N12 S800M03
N14 G00 X60.352 Z13.250
N16 G00 Z0.807
N18 G00 X57.614
N20 G00 X47.614
N22 G00 X46.200 Z0.100
N24 G01 Z-102.100 F36.000
N26 G00 X47.614 Z-101.393
N28 G00 X57.614
N30 G00 Z0.807
N32 G00 X43.614
N34 G00 X42.200 Z0.100
N36 G01 Z-92.078 F36.000
N38 G03 X42.556 Z-92.222 R1.100
N40 G01 X44.556 Z-93.222
N42 G03 X45.200 Z-94.000 R1.100
N44 G01 Z-100.000
```

图 15－22　FANUC 程序

思考与练习

1. 用 CAXA 数控车 XP 完成图 15 - 23 所示典型零件的自动编程。

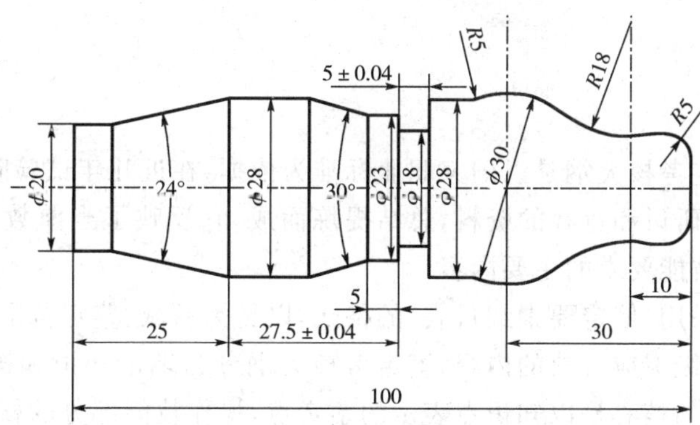

图 15 - 23 习题 1

2. 用 CAXA 数控车 XP 完成图 15 - 24 所示典型零件的自动编程。

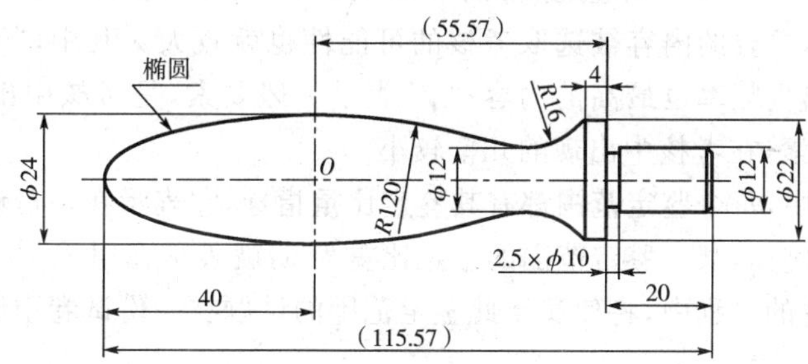

椭圆方程：$\frac{X^2}{A^2}+\frac{Y^2}{B^2}=1 \quad A=40 \quad B=12$

图 15 - 24 习题 2

3. 用 CAXA 数控车 XP 完成图 15 - 25 所示典型零件的自动编程。

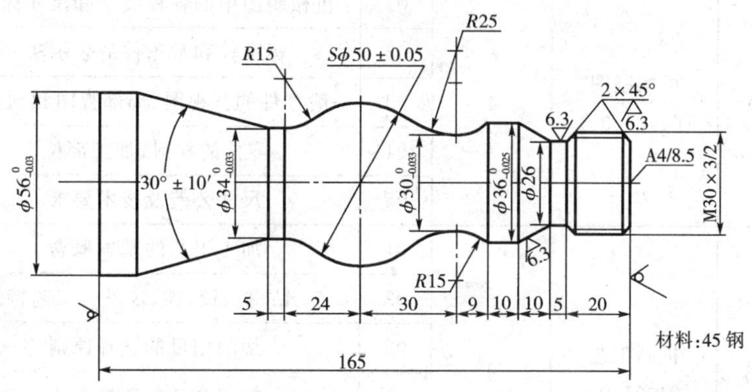

图 15 - 25 习题 3

附录1　数控车工(中级)技能鉴定考核大纲

1. 说明

数控车床工鉴定考核大纲是以国家职业标准为依据，在近几年试验阶段的基础上，通过收集数控车床培训、研讨和竞赛的资料，总结提炼而成，它反映了当前数控车工职业(工种)对从业人员知识和技能要求的主要内容。

鉴定考核大纲采用(鉴定要素细目表)的格式，以行为领域、鉴定范围和鉴定点的形式加以组织，列出了本等级下应考核的内容，鉴定考核大纲分为理论知识和操作技能两个部分。其中，理论知识部分的核心是以知识点表示的鉴定点，操作技能部分的核心是以考核项目表示的鉴定点。

鉴定考核大纲中，每个鉴定点都有其重要程度指标，即表内鉴定点后标以“X”、“Y”、“Z”的内容。重要程度反映了该鉴定点在本职业(工种)中对从业人员所要求内容中的相对重要性水平。自然，重要的内容被选取考核的可能性也就较大。其中，“X”表示核心要素，是考核中最重要、出现频率也最高的内容；“Y”表示一般要素，是考核中出现频率一般的内容；“Z”表示辅助要素，在考核中出现的几率较小。

鉴定考核大纲中，每个鉴定范围都有其鉴定比重指标，它表示在一份试卷中该鉴定范围所占的分数比例。例如，某一鉴定范围的鉴定比重为5，就表示在组成100分为满分的试卷时，题库在抽题组卷的过程中，将使属于此鉴定范围的试题在一份试卷中所占的分值尽可能地等于5分。

2. 理论知识鉴定考核大纲

<table>
<tr><th>行为领域</th><th>代码</th><th>鉴定范围</th><th>鉴定比重</th><th>代码</th><th>鉴定点</th><th>重要程度</th></tr>
<tr><td rowspan="11">基本知识 A 15%</td><td rowspan="5">A</td><td rowspan="5">机械制图 (04:01:00)</td><td rowspan="5">4</td><td>01</td><td>机械制图中的各种线型和尺寸标注</td><td>Y</td></tr>
<tr><td>02</td><td>标准件和常用件的表示法</td><td>X</td></tr>
<tr><td>03</td><td>一般零件的三视图、局部视图和剖视图</td><td>X</td></tr>
<tr><td>04</td><td>零件的材料、加工部位</td><td>X</td></tr>
<tr><td>05</td><td>尺寸公差及技术要求</td><td>X</td></tr>
<tr><td rowspan="6">B</td><td rowspan="6">机制工艺 (04:01:00)</td><td rowspan="6">4</td><td>01</td><td>加工工艺的基本概念</td><td>Y</td></tr>
<tr><td>02</td><td>车、钻、扩、铰、镗、攻丝等工艺特点</td><td>X</td></tr>
<tr><td>03</td><td>切削用量的选择原则</td><td>X</td></tr>
<tr><td>04</td><td>加工余量的选择方法</td><td>X</td></tr>
<tr><td></td><td>产生加工误差的原因</td><td>Z</td></tr>
<tr><td></td><td>减少误差的方法</td><td>X</td></tr>
</table>

(续表)

行为领域	代码	鉴定范围	鉴定比重	代码	鉴定点	重要程度
基本知识A 15%	B	机制工艺 (04:01:00)	4		提高生产效率的途径	Y
					基准概念、分类和应用	Y
					热处理工艺的安排	Y
					制定简单的加工工艺	X
	C	定位夹紧 (03:01:02)	3	01	定位基准的基本概念	Z
				02	电动卡盘等夹具的调整及使用方法	X
				03	轴类、套筒类零件定位基准选择	X
				04	以内孔或外圆为定位基准精度的保证	X
				05	软卡爪的正确使用	Y
				06	中心架、跟刀架的使用	Z
专业知识B 70%	A	车削刀具 (03:03:01)	5	01	刀具种类、用途、牌号、性能与选择	Y
				02	硬质合金不重磨车刀的夹紧方式	X
				03	刀具光学对刀仪的使用方法	Z
				04	车刀装夹高低、歪斜对角度影响	Y
				05	工作角度的选择原则	X
				06	车刀刃磨时砂轮选择	Y
				07	刀具补偿值及刀号等参数的输入方法	X
	B	程序编制 (04:01:00)	20	01	常用数控指令(G代码、M代码)的含义	X
				02	S指令、T指令和F指令的含义	X
				03	数控指令的结构与格式	X
				04	固定循环指令的含义	X
				05	子程序的嵌套	Y
	C	数学知识 (03:00:00)	10	01	图形直线与直线交点的计算方法	X
				02	图形中直线与圆弧交点的计算方法	X
				03	图形中圆弧与圆弧交点的计算方法	X
	D	基本操作 (11:03:00)	10	01	机床的启动及停止	X
				02	操作面板的使用方法	X
				03	操作面板上的各种功能键正确使用	X
				04	经操作面板手动输入程序及有关参数	X
				05	各种输入装置的使用方法	Y
				06	能够进行程序的编辑、修改	X

（续表）

行为领域	代码	鉴定范围	鉴定比重	代码	鉴定点	重要程度
专业知识 B 70%	D	基本操作 (11:03:00)	10	07	设定工件坐标系	X
				08	机床坐标系与工件坐标系的含义及其关系	X
				09	相对坐标系、绝对坐标的含义	Y
				10	正确将所选刀具移到工作位置	X
				11	进行试切对刀	X
				12	程序试运行的操作方法	X
				13	加工程序试切削并做出正确判断	Y
				14	程序单步运行、空运行	X
	E	工件加工 (08:03:01)	10	01	常用金属材料的切削性能	Z
				02	二维坐标的概念	Y
				03	程序检查方法	X
				04	轴类零件的车削，IT9，$R_a6.3\mu m$	X
				05	盘类零件的车削，IT9，Ra6.3μm	X
				06	套筒类零件的车削，IT9，Ra6.3μm	X
				07	成形面的加工方法	X
				08	能够对单孔进行钻、扩、铰、镗的加工	Y
				09	螺纹的种类	X
				10	螺纹各部分尺寸计算	Y
				11	国家标准普通粗牙螺纹螺距 M6～M30	X
				12	英制螺纹的计算方法	X
	F	精度检验 (06:02:01)	7	01	使用游标卡尺测量工件内、外径	X
				02	使用游标卡尺测量工件长度	X
				03	使用游标卡尺或深/高度尺测量深/高度	X
				04	使用外径千分尺测量工件外径	X
				05	使用外径千分尺测量工件长度	X
				06	使用内径百(千)分表测量工件内径	X
				07	使用角度尺检验工件角度	Y
				08	利用机床位置显示功能自检工件的有关尺寸	Y
				09	加工精度的影响因素	Z
	G	维护保养 (02:02:00)	3	01	数控车床操作规程	Y
				02	加工前电、气、液、开关等的常规检查	X
				03	加工完毕后，清理机床及周围环境	Y
				04	日常保养的内容	X

(续表)

行为领域	代码	鉴定范围	鉴定比重	代码	鉴定点	重要程度
相关知识C 15%	A	安全文明生产 (02:02:01)	3	01	金属切削安全操作规程	X
				02	安全色标	Z
				03	消防一般知识	Y
				04	砂轮机使用知识	X
				05	文明生产知识	Y
	B	车工知识 (02:02:00)	5	01	车床的工作原理、基本内容	Y
				02	车床的规格,性能	Y
				03	车床主要组成部分及其用途	X
				04	车床操作规程	X
	C	钳工知识 (02:00:00)	4	01	平面划线方法	X
				02	钻头及钻孔、扩孔和铰孔的方法	X
	D	集成制造系统 (01:02:01)	3	01	CAD/CAM 系统	X
				02	CAPP 系统的发展趋势	Z
				03	FMS 含义	Y
				04	CIMS 含义	Y

注:X——重点 Y——次重点 Z——一般

3. 操作技能鉴定考核大纲

行为领域	代码	鉴定范围	鉴定比重	代码	鉴定点	重要程度
相关知识C 15%	A	常见形体 (36:6:8)	45	01	车阶梯轴	Z
				02	车锥度轴	Z
				03	圆弧面的车削	Z
				04	直螺纹切削循环	Z
				05	车圆柱体、直螺纹组合体	X
				06	车圆柱体、圆锥体组合体	X
				07	车削球体、锥体组合体	X
				08	车削球体、直螺纹组合体	X
				09	车圆柱体、球体组合体	X
				10	车圆锥体、球体组合体	Y
				11	车削圆锥体、直螺纹组合体	X

（续表）

行为领域	代码	鉴定范围	鉴定比重	代码	鉴定点	重要程度
相关知识C 15%	B	辅助操作（……）	20	01	零件工艺路线的确定	Y
				02	程序的输入	X
				03	车刀的磨削与安装	Y
				04	基准刀与刀偏设置	X
				05	间隙的测量与补偿	X
				06	首件试切	X
	C	基本操作（05:01:00）	10	01	面板的操作	X
				02	手动方式的操作	X
				03	自动方式的操作	X
				04	编辑方式的操作	X
				05	参数设置的操作	X
				06	通讯方式的操作	X
工具与设备B 10%	A	工具使用（02:01:01）	4	01	外径千分尺	X
				02	公法线千分尺	X
				03	百分表	Y
				04	内径量表	X
				05	万能角度尺	X
	B	设备维护（04:02:00）	6	01	正确操作数控车床	X
				02	正确操作数控机床控制面板	X
				03	正确使用计算机	Y
				04	熟练使用数控车削模拟软件	Y
				05	按规定润滑保养数控车床	X
安全文明生产C 15%	A	安全（06:02:01）	12	01	金属切削安全操作规程	X
				02	安全色标	Z
				03	消防一般知识	Y
				04	数控车床的安全操作规程	X
				05	安全操作（急停、超程、报警处理）	Y
				06	螺纹切削注意的问题	X
				07	数控车床避免碰撞的操作方法	X
				08	砂轮机的安全操作规程	X
				09	严格执行安全生产的各项制度规定	X
				10	掉电处理	Y

(续表)

行为领域	代码	鉴定范围	鉴定比重	代码	鉴定点	重要程度
安全文明生产C 15%	B	其他(02:02:00)	3	01	严格执行文明生产的各项制度规定	X
				02	按“定置管理”规定及要求整齐摆工件	X
				03	按“定置管理”规定及要求摆工刀量具	Y
				04	按“文明生产”规定工作完毕打扫场地	Y

注:X——重点　Y——次重点　Z——一般

附录 2　切削加工中参数选择

表一　硬质合金外圆车刀切削速度的选用参考值

工件材料	热处理状态	a_p=0.3～2mm	a_p=0.3～2mm	a_p=0.3～2mm
		f=0.08～0.3mm/r	f=0.08～0.3mm/r	f=0.08～0.3mm/r
		v_c(m/min)	v_c(m/min)	v_c(m/min)
低碳钢易切钢	热轧	140～180	100～120	70～90
中碳钢	热轧 调质	130～160 100～130	90～110 70～90	60～80 50～70
合金结构钢	热轧 调质	100～130 80～110	70～90 50～70	50～70 40～60
工具钢	退火	90～120	60～80	50～70
灰铸铁	HRC<190 HBS=190～225	90～120 80～110	60～80 50～～70	50～70 40～60
高锰钢			10～20	
铜及铜合金		220～250	120～180	90～120
铝及铝合金		300～600	200～400	150～200
铸铝合金		100～180	80～150	60～100

表二　硬质合金车刀车外圆及端面的进给量

工件材料	车刀刀杆尺寸 B×H	工件直径	背吃刀量 a_p				
			≤3	>3～5	>5～8	>8～12	>12
			进给量 f(mm/r)				
碳素结构钢、合金结构钢及耐热钢	16×25	20	0.3～0.4	—	—	—	—
		40	0.4～0.5	0.3～0.4	—	—	—
		60	0.5～0.7	0.4～0.6	0.3～0.5	—	—
		100	0.6～0.9	0.5～0.7	0.5～0.6	0.4～0.5	—
		400	0.8～1.2	0.7～1.0	0.6～0.8	0.5～0.6	—
	20×30 25×25	20	0.3～0.4	—	—	—	—
		40	0.4～0.5	0.3～0.4	—	—	—
		60	0.5～0.7	0.5～0.7	0.4～0.6	—	—
		100	0.8～1.0	0.7～0.9	0.5～0.7	0.4～0.7	—
		400	1.2～1.4	1.0～1.2	0.8～1.0	0.6～0.9	0.4～0.6

（续表）

工件材料	车刀刀杆尺寸 B×H	工件直径	背吃刀量 a_p				
			≤3	>3～5	>5～8	>8～12	>12
			进给量 f(mm/r)				
铸铁及铜合金	16×25	40	0.4～0.5	—	—	—	—
		60	0.5～0.8	0.5～0.8	0.4～0.6	—	—
		100	0.8～1.2	0.7～1.0	0.6～0.8	0.5～0.7	—
		400	1.0～1.4	1.0～1.2	1.0～1.2	0.6～0.8	—
	20×30 25×25	40	0.4～0.5	—	—	—	—
		60	0.5～0.9	0.5～0.8	0.4～0.7	—	—
		100	0.9～1.3	0.8～1.2	0.7～1.0	0.5～0.8	—
		400	1.2～1.8	1.2～1.6	1.0～1.3	0.9～1.1	0.7～0.9

注：1. 加工断续表面及有冲击的工件时，表内进给量应乘系数 K=0.75～0.85。
2. 无外皮加工时，表内进给量应乘系数 K=1.1。
3. 加工耐热钢及合金时，进给量不大于 1mm/r。
4. 加工淬硬钢时，进给量应减小。当钢的硬度为 44～56HRC 时，乘系数 K=0.8；当钢的硬度为57～62HRC 时，乘系数 K=0.5。

表三 按表面粗糙度选择进给量的参考值

工件材料	表面粗糙度 R_a/μm	切削速度范围 v_c(m/min)	刀尖圆弧半径 $r_ε$(mm)		
			0.5	1.0	2.0
			进给量 f(mm/r)		
铸铁、青铜、铝合金	>5～10	不限	0.25～0.40	0.40～0.50	0.50～0.60
	>2.5～5		0.15～0.25	0.25～0.40	0.40～0.60
	>1.25～2.5		0.10～0.15	0.15～0.20	0.20～0.35
碳钢及合金钢	>5～10	<50	0.30～0.50	0.45～0.60	0.55～0.70
		>50	0.40～0.55	0.55～0.65	0.65～0.70
	>2.5～5	<50	0.18～0.25	0.25～0.30	0.30～0.40
		>50	0.25～0.30	0.30～0.35	0.30～0.50
	>1.25～2.5	<50	0.10	0.11～0.15	0.15～0.22
		50～100	0.11～0.16	0.16～0.25	0.25～0.35
		>100	0.16～0.20	0.20～0.25	0.25～0.35

注：$r_ε$=0.5mm，用于 12×12mm 以下刀杆；$r_ε$=1.0mm，用于 30×30mm 以下刀杆；$r_ε$=2.0，用于 30×45mm 及以上刀杆。

表四　切削常用螺纹的进给次数与背吃刀量

米制螺纹								
螺距(mm)		1.0	1.5	2.0	2.5	3.0	3.5	4.0
牙深(mm)		0.649	0.974	1.299	1.624	1.949	2.273	2.598
进刀次数及对应的背吃刀量	1次	0.7	0.8	0.9	1.0	1.2	1.5	1.5
	2次	0.4	0.6	0.6	0.7	0.7	0.7	0.8
	3次	0.2	0.4	0.6	0.6	0.6	0.6	0.6
	4次		0.16	0.4	0.4	0.4	0.6	0.6
	5次			0.1	0.4	0.4	0.4	0.4
	6次				0.15	0.4	0.4	0.4
	7次					0.2	0.2	0.4
	8次						0.15	0.3
	9次							0.2
英制螺纹								
螺距(mm)		24牙	18牙	16牙	14牙	12牙	10牙	8牙
牙深(mm)		0.678	0.904	1.016	1.162	1.355	1.626	2.033
进刀次数及对应的背吃刀量	1次	0.8	0.8	0.8	0.8	0.9	1.0	1.2
	2次	0.4	0.6	0.6	0.6	0.6	0.7	0.7
	3次	0.16	0.3	0.5	0.5	0.6	0.6	0.6
	4次		0.11	0.14	0.3	0.4	0.4	0.5
	5次				0.13	0.21	0.4	0.5
	6次						0.16	0.4
	7次							0.17

附录 3　几种数控系统指令格式

1. 广州 GSK980T 数控系统指令格式

(1)支持的 G 代码

代码	组别	意　义	格　式
G00	01	快速定位	G00 X(U)_Z_ (W)_
G01		直线插补	G01 X(U)_Z (W) _F_
G02		圆弧插补(顺时针方向 CW)	G02 X_ Z _ R_ F 或 G02 X_ Z_ I_ K_F_
G03		圆弧插补(逆时针方向 CCW)	G03 X_ Z_ R_ F 或 G03 X_ Z_ I_ K_ F
G04	00	暂停	G04 P_;(单位:0.001 秒) G04 X_;(单位:秒) G04 U_;(单位:秒)
G28		自动返回机械原点	G28 X(U)_ Z(W) _
G32	01	切螺纹	G32 X(U)_ Z(W) _ F _(公制螺纹) G32 X(U)_ Z(W) _ I _(英制螺纹)
G50	00	坐标系设定	G50 X(x) Z(z)
G70	00	精加工循环	G70 P(ns) Q(nf)
G71		外圆粗车循环	G71 U(△D) R(E) F(F) G71 P(NS) Q (NF) U(△U) W(△W) S(S) T(T)
G72		端面粗车循环	G72 W(△D) R(E) F(F) G72 P(NS) Q (NF) U(△U) W(△W) S(S) T(T)
G73		封闭切削循环	G73 U(△I) W(△K) R(D) F(F) G73 P(NS) Q(NF) U(△U) W(△W) S(S) T(T)
G74		端面深孔加工循环	G74 R(e) G74 X(U) Z(W) P(△i) Q (△k) R(△d) F(f)
G75		外圆、内圆切槽循环	G75 R(e) G75 X(U) Z(W) P(△i) Q (△k) R(△d) F(f)
G76		复合型螺纹切削循环	G76 P(m)(r)(a) Q(△dmin) R(d) G76 X(U) Z(W) R(i) P(k) Q(△d) F(L)

（续表）

代码	组别	意义	格式
G90	01	外圆、内圆车削循环	G90 X(U)_ Z(W)_ R_ F_
G92		螺纹切削循环	G92 X(U)_ Z(W) _ F _(公制螺纹) G92 X(U)_ Z(W) _ I _(英制螺纹)
G94		端面车削循环	G94 X(U)_ Z(W)_ F_
G98	03	每分进给	G98
G99		每转进给	G99

(2)支持的 M 代码

代码	意义	格式
M00	程序暂停，按“循环起动”程序继续执行	
M03	主轴正转	
M04	主轴反转	
M05	主轴停止	
M08	冷却液开	
M09	冷却液关	
M30	程序结束	
M98	子程序调用	M98 P××××*nnnn*
M99	子程序结束	M99

2. 华中数控系统指令格式

重要提示：本系统中车床采用直径编程。

(1)支持的 G 代码

√表示机床默认状态

G 代码	组	功能	格式
G00	01	快速定位	G00 X(U)_ Z(W)_ X,Z:为直径编程时，快速定位终点在工件坐标系中的坐标； U,W:为增量编程时，快速定位终点相对于起点的位移量
√G01		直线插补	G01 X(U)_ Z(W)_ F_ X,Z:绝对编程时，终点在工件坐标系中的坐标； U,W:增量编程时，终点相对于起点的位移量； F:合成进给速度
		倒角加工	G01 X(U)_ Z(W)_ C_ G01 X(U)_ Z(W)_ R_ X,Z:绝对编程时，为未倒角前两相邻程序段轨迹的交点 G 的坐标值； U,W:增量编程时，为 G 点相对于起始直线轨迹的始点 A 点的移动距离； C:倒角终点 C，相对于相邻两直线的交点 G 的距离； R:倒角圆弧的半径值

（续表）

G代码	组	功能	格 式
G02		顺圆插补	G02 X(U)_ Z(W)_ $\left\{\begin{matrix} I...K... \\ R... \end{matrix}\right\}$ F_ X,Z:绝对编程时,圆弧终点在工件坐标系中的坐标; U,W:增量编程时,圆弧终点相对于圆弧起点的位移量; I,K:圆心相对于圆弧起点的增加量,在绝对,增量编程时都以增量方式指定,在直径、半径编程时I都是半径值; R:圆弧半径; F:倍编程的两个轴的合成进给速度
G03		逆圆插补	同上
G02 (G03)		倒角加工	G02(G03) X(U)_ Z(W)_ R_ RL=_ G02(G03) X(U)_ Z(W)_ R_ RC=_ X,Z:绝对编程时,为未倒角前圆弧终点G的坐标值; U,W:增量编程时,为G点相对于圆弧始点A点的移动距离; R:圆弧半径值; RL=:倒角终点C,相对于未倒角前圆弧终点G的距离; RC=:倒角圆弧的半径值
G04	00	暂停	G04P_ P:暂停时间,单位为s
G20 √ G21	08	英寸输入 毫米输入	G20 X_Z_ 同上
G28 G29	00	返回参考点 由参考点返回	G28 X_ Z_ G29 X_Z_
G32	01	螺纹切削	G32 X(U)_ Z(W)_ R_ E_ P_ F_ X,Z:绝对编程时,有效螺纹终点在工件坐标系中的坐标; U,W:增将编程时,有效螺纹终点相对于螺纹切削起点的位移量; F:螺纹导程,即主轴每转一圈,刀具相对于工件的进给量; R,E:螺纹切削的退尾量,R表示Z向退尾量;E表示X向退尾量; P:主轴基准脉冲楚距离螺纹切削起点的主轴转角
√G36 G37	17	直径编程 半径编程	
√G40 G41 G42	09	刀尖半径补偿取消 左刀补 右刀补	G40 G00(G01)X_Z_ X,Z:建立刀补或取消刀补的终点; G41 G00(G01)X_Z_ G41/G42的参数由T代码指定 G42 G00(G01)X_Z_
√G54 G55 G56 G57 G58 G59	11	坐标系选择	

（续表）

G代码	组	功能	格式
G71		内(外)径粗车复合循环（无凹槽加工时）内(外)径粗车复合循环（有凹槽加工时）	G71 U(Δd) R(r) P(ns) Q(nf) X(Δx) Z(Δz) F(f) S(s) T(t) G71U(Δd) R(r) P(ns) Q(nf) E(e) F(f) S(s) T(t) Δd:切削深度(每次切削量)，指定时不加符号； r:每次退刀量； ns:精加工路径第一程序段的顺序号； nf:精加工路径最后程序段的顺序号； Δx:X方向精加工余量； Δz:Z方向精加工余量； f,s,t:粗加工时G71种编程的F、S、T有效，而精加工时处于ns到nf程序段之间的F、S、T有效； e:精加工余量，其为X方向的等高距离；外径切削时为正，内径切削时为负
G72		端面粗车复合循环	G72 W(Δd) R(r) P(ns) Q(nf) X(Δx) Z(Δz) F(f) S(s) T(t) 参数含义同上
G73	06	闭环车削复合循环	G73 U(ΔI) W(ΔK) R(r) P(ns) Q(nf) X(Δx) Z(Δz) F(f) S(s) T(t) ΔI:X方向的粗加工总余量； ΔK:Z方向的粗加工总余量； r:粗切削次数； ns:精加工路径第一程序段的顺序号； nf:精加工路径最后程序段的顺序号； Δx:X方向精加工余量； Δz:Z方向精加工余量； f、s、t:粗加工时G71种编程的F、S、T有效，而精加工时处于ns到nf程序段之间的F、S、T有效
G76		螺纹切削复合循环	G76 C(c) R(r) E(e) A(a) X(x) Z(z) I(i) K(k) U(d) V(Δ_{min}) Q(Δ) P(p) F(L)c:精整次数(1～99)为模态值； r:螺纹Z向退尾长度(00～99)为模态值； e:螺纹X向退尾长度(00～99)为模态值； a:刀尖角度(两位数字)为模态值；在80,60,55,30,29,0六个角度中选一个； x,z:绝对编程时为有效螺纹终点的坐标；增量编程时为有效螺纹终点相对于循环起点的有向距离； i:螺纹两端的半径差； k:螺纹高度； Δd_{min}:最小切削深度； d:精加工余量(半径值)； Δd:第一次切削深度(半径值)； P:主轴基准脉冲处距离切削切削起始点的主轴转角； L:螺纹导程

（续表）

G 代码	组	功能	格 式
G80		圆柱面内(外)径切削循环 圆锥面内(外)径切削循环	G80 X_ Z_ F_ X_ Z_ I_ F_ I:切削起点 B 与切削终点 C 的半径差
G81		端面车削固定循环	G81 X_ Z_ F_
G82		直螺纹切削循环 锥螺纹切削循环	G82 X_ Z_ R_ E_ C_ P_ F_ G82 X_ Z_ I_ R_ E_ C_ P_ F_ R、E:螺纹切削的退尾量，R、E 均为向量，R 为 Z 向回退量；E 为 X 向回退量，R、E 可以省略，表示不用回退功能； C:螺纹头数，为 0 或 1 时切削单头螺纹； P:单头螺纹切削时，为主轴基准脉冲处距离切削起始点的主轴转角(缺省值为 0)；多头螺纹切削时，为相邻螺纹头的切削起始点之间对应的主轴转角； F:螺纹导程； I:螺纹起点 B 与螺纹终点 C 的半径差
√G90	13	绝对编程	
√G91		相对编程	
G92	00	工件坐标系设定	G92 X_ Z_
√G94 G95	14	每分钟进给速率每转进给	G94[F_] G95[F_] F:进给速度
G96 G97	16	恒线速度切削	G96 S_ G97 S_ S:G96 后面的 S 值为切削的恒定线速度(单位为 m/min)；G97 后面的 S 值取消恒线速度后，指定的主轴转速(单位为 r/min)如缺省，则为执行 G96 指令前的主轴转速度

(2)支持的 M 代码

√表示本软件已经支持

代码	意 义	格 式
√M00	程序停止	
√M02	程序结束	
√M03	主轴正转起动	

（续表）

代码	意　义	格　式
√M04	主轴反转起动	
√M05	主轴 停止转动	
M08	切削液开启(车)	
M09	切削液关闭	
√M30	结束程序运行且返回程序开头	
√M98	子程序调用	M98 P*nnnn*L×× 调用程序号为 O*nnn* 的程序××次。
√M99	子程序结束	子程序格式 O*nnnn* … … … … … M99

3. FANUC 0i **数控系统指令格式**

重要提示:本系统中车床采用直径编程。

(1)支持的 G 代码

代码	分组	意　义	格　式
G00	01	快速进给、定位	G00 X_ Z_
G01		直线插补	G01 X_ Z_
G02		圆弧插补 CW(顺时针)	G01X_ Z_ R_
G03		圆弧插补 CCW(逆时针)	
G04	00	暂停	G04［X/U/P］ X、U 单位为秒,P 单位为毫秒(整数)
G20	06	英制输入	
G21		米制输入	
G28	0	回归参考点	G28 X_ Z_
G29		由参考点回归	G29 X_ Z_
G32 (TB-A系列)	01	螺纹切削(由参数指定绝对和增量)	G_{32} X/U_ Z/W_ F/E_ F 指定单位为 0.01mm/r 的螺距,E 指定单位为 0.0001mm/r 的螺距
G40	07	刀具补偿取消	G40
G41		左半径补偿	G41/G42
G42		右半径补偿	

（续表）

代码	分组	意 义	格 式
G53		机械坐标系选择	G53 X_ Z_
G54	12	选择工作坐标系 1	G××
G55		选择工作坐标系 2	
G56		选择工作坐标系 3	
G57		选择工作坐标系 4	
G58		选择工作坐标系 5	
G59		选择工作坐标系 6	
G70	00	精加工循环	G70 Pns Qnf
G71		外圆粗车循环	G71 UΔd Re G71 Pns Qnf UΔu WΔw Ff
G72		端面粗切削循环	G72 W(Δd) R(e) G72 P(ns) Q(nf) U(Δu) W(Δw) F(f) S(s) T(t) Δd：切深量； e：退刀量； ns：精加工形状的程序段组的第一个程序段的顺序号； nf：精加工形状的程序段组的最后程序段的顺序号； Δu：X 方向精加工余量的距离及方向； Δw：Z 方向精加工余量的距离及方向
G73		轮廓封闭切削循环	G73 Ui WΔk Rd G73 Pns Qnf UΔu WΔw Ff
G74		端面切断循环	G74 R(e) G74 X(U)_Z(W)_P(Δi)Q(Δk)R(Δd)F(f) e：返回量； Δi：X 方向的移动量； Δk：Z 方向的切深量； Δd：孔底的退刀量； f：进给速度
G75		内径/外径切断循环	G75 R(e) G75 X(U)_Z(W)_P(Δi)Q(Δk)R(Δd)F(f)
G76		复合形螺纹切削循环	G76 P(m) (r) (a) Q(Δdmin) R(d) G76 X(u)_Z(W)_R(i) P(k)Q(Δd)F(l) m：最终精加工重复次数为 1～99； r：螺纹的精加工量(倒角量)； a：刀尖的角度(螺牙的角度)可选择 80，60，55，30，29，0 六个种类； m，r，a：同用地址 P 一次指定； Δd_{min}：最小切深度； i：螺纹部分的半径差； k：螺牙的高度； Δd：第一次的切深量 l：螺纹导程

（续表）

代码	分组	意　义	格　式
G90	01	直线车削循环加工	G90 X(U)_ Z(W)_ F_ G90 X(U)_ Z(W)_ R_ F_
G92		螺纹车削循环	G92 X(U)_ Z(W)_ F_ G92 X(U)_ Z(W)_ R_ F_
G94		端面车削循环	G94 X(U)_ Z(W)_ F_ G94 X(U)_ Z(W)_ R_ F_
G98	05	每分钟进给速度	
G99		每转进给速度	

(2)**支持的 M 代码**

代码	意　义	格　式
M00	停止程序运行	
M01	选择性停止	
M02	结束程序运行	
M03	主轴正向转动开始	
M04	主轴反向转动开始	
M05	主轴停止转动	
M06	换刀指令	M06 T_
M08	冷却液开启	
M09	冷却液关闭	
M30	结束程序运行且返回程序开头	
M98	子程序调用	M98 P××*nnnn* 调用程序号为 O*nnnn* 的程序××次。
M99	子程序结束	子程序格式： O*nnnn* … … … M99

4. SIEMENS802s/c 数控系统指令格式

(1) 支持的 G 代码

<table>
<tr><th>分类</th><th>分组</th><th>代码</th><th>意 义</th><th>格 式</th><th>备 注</th></tr>
<tr><td rowspan="16">插补</td><td rowspan="16">1</td><td>G0</td><td>快速线性移动</td><td>G0X_Y_</td><td></td></tr>
<tr><td>G1 *</td><td>带进给率的线性插补</td><td>G1X_Y_Z_</td><td></td></tr>
<tr><td rowspan="4">G2</td><td>顺时针圆弧(终点+圆心)</td><td>G2X_Y_ Z_I_J_K_</td><td>XYZ 确定终点，IJK 确定圆心</td></tr>
<tr><td>顺时针圆弧(终点+半径)</td><td>G2 X_ Y_ Z_ CR=_</td><td>XYZ 确定终点，CR 为半径(大于 0 为优弧，小于 0 为劣弧)</td></tr>
<tr><td>顺时针圆弧(圆心+圆心角)</td><td>G2 AR=_ I_ J_ K_</td><td>AR 确定圆心角(0 到 360 度)，IJK 确定圆心</td></tr>
<tr><td>顺时针圆弧(终点+圆心角)</td><td>G2 AR=_ X_ Y_ Z_</td><td>AR 确定圆心角(0 到 360 度)，XYZ 确定终点</td></tr>
<tr><td rowspan="4">G3</td><td>逆时针圆弧(终点+圆心)</td><td>G3 X_ Y_ Z_ I_ J_ K_</td><td></td></tr>
<tr><td>逆时针圆弧(终点+半径)</td><td>G3 X_ Y_ Z_ CR=_</td><td></td></tr>
<tr><td>逆时针圆弧(圆心+圆心角)</td><td>G3 AR=_ I_ J_ K_</td><td></td></tr>
<tr><td>逆时针圆弧终点+圆心角)</td><td>G3 AR=_ X_ Y_ Z_</td><td></td></tr>
<tr><td>G5</td><td>通过中间点进行圆弧插补</td><td>G5 Z_ X_K/Z_I/X_</td><td>通过起始点和终点之间的中间点位置确定圆弧的方向 G5 一直有效，直到被 G 功能组中其它的指令取代为止</td></tr>
<tr><td rowspan="5">G33</td><td rowspan="5">加工恒螺距螺纹</td><td>G33 Z_K_</td><td>圆柱螺纹</td></tr>
<tr><td>G33 Z_X_K_</td><td>锥螺纹(锥角小于 45 度)</td></tr>
<tr><td>G33 Z_X_I_</td><td>锥螺纹(锥角大于 45 度)</td></tr>
<tr><td>G33 X_I_</td><td>端面螺纹</td></tr>
<tr><td>G33 Z_K_
SF=_
Z_X_K_
Z_X_K_</td><td>多段连续螺纹
SF=:起始点偏移值</td></tr>
<tr><td>暂停</td><td>2</td><td>G4</td><td>通过在两个程序段之间插入一个 G4 程序段，可以使加工中断给定的时间</td><td>G4 F_G4 S_</td><td>G4 F_:暂停时间(秒)G4 S_:暂停主轴转速</td></tr>
</table>

（续表）

分类	分组	代码	意　义	格　式	备　注
平面	6	G17 *	指定 XY 平面	G17	
		G18	指定 ZX 平面	G18	
		G19	指定 YZ 平面	G19	
主轴运动	3	G25	通过在程序中写入 G25 或 G26 指令和地址 S 下的转速，可以限制特定情况下主轴的极限值范围	G25 S_	主轴转速下限
		G26		G26 S_	主轴转速上限
增量设置	14	G90 *	绝对尺寸	G90	
		G91	增量尺寸	G91	
单位	13	G70	英制单位输入	G70	
		G71 *	公制单位输入	G71	
可设定的零点偏移	9	G53	取消可设定零点偏移(程序段方式有效)	G53	
	8	G71 *	公制单位输入	G71	
		G500 *	取消可设定零点偏移(模态有效)	G500	
		G54	第一可设定零点偏移值	G54	
		G55	第二可设定零点偏移值	G55	
		G56	第三可设定零点偏移值	G56	
		G57	第四可设定零点偏移值	G57	
进给	15	G94 *	进给率	F	毫米/分
		G95	主轴进给率	F	毫米/转
可编程的零点偏移	3	G158	对所有坐标轴编程零点偏移	G158	后面的 G158 指令取代先前的可编程零点偏移指令；在程序段中仅输入 G158 指令而后面不跟坐标轴名称时，表示取消当前的可编程零点偏移
	2	G74	回参考点(原点)	G74X_Y_Z	G74 之后的程序段原先“插补方式”组中的 G 指令将再次生效；G74 需要一独立程序段，并按程序段方式有效
		G75	返回固定点	G75 X_Y_Z_	G75 之后的程序段原先“插补方式”组中的 G 指令将再次生效；G75 需要一独立程序段，并按程序段方式有效

（续表）

分类	分组	代码	意　义	格　式	备　注
刀具补偿	7	G40＊	取消刀尖半径补偿	G40	
		G41	左侧刀尖半径补偿	G41	
		G42	右侧刀尖半径补偿	G42	
		G450＊	刀补时拐角走圆角	G450	圆弧过渡 刀具中心轨迹为一个圆弧，其起点为前一曲线的终点，终点为后一曲线的起点，半径等于刀具半径圆弧过渡在运行下一个，带运行指令的程序段时才有效
		G451	刀补时到交点时再拐角	G451	交点 回刀具中心轨迹交点一以刀具半径为距离的等距线交点

注：加“＊”号功能程序启动时生效

(2) **支持的 M 代码**

代码	意　义	格　式	功　能
M0	编程停止		
M1	选择性暂停		
M2	主程序结束返回程序开头		
M3	主轴正转		
M4	主轴反转		
M5	主轴停转		
M6	换刀(缺省设置)		选择第 x 号刀，x 范围：0～32000，T0 取消刀具
		M6	T 生效且对应补偿 D 生效 H 补偿在 Z 轴移动时才有效
M17	子程序结束		若单独执行子程序则此功能同 M2 和 M30 相同
M30	主程序结束且返回		

(3) 其他指令

指令	意　义	格　式
IF	有条件程序跳跃	IF expression GOTOB LABEL 或 IF expression GOTOF LABELLABEL: IF　跳转条件导入符 GOTOB　带向后跳跃目的的跳跃指令(朝程序开头) GOTOF　带向前跳跃目的的跳跃指令(朝程序结尾) LABEL　目的(程序内标号) LABEL:　跳跃目的;冒号后面的跳跃目的名 = =　等于 < > 不等于;> 大于;< 小于 >= 大于或等于;<= 小于或等于
cos	余弦	cos(x)
sin	正弦	sin(x)
sqrt	开方	sqtr(x)
GOTOB	向后跳转	GOTOB LABEL 向程序开始的方向跳转 LABEL:所选的标记符
GOTOF	向前跳转	GOTOF LABEL 向程序结束的方向跳转 参数意义同上
LCYC84	无补偿卡盘攻丝	R101 R102 R103 R104 R105 R106 R112 R113 LCYC84 R106:螺纹导程值 R112:攻丝速度 R113:对刀速度
LCYC85	镗孔	R101 R102 R103 R104 R105 R107 R108 LCYC85 R107:确定钻削时的进给率大小 R108:确定退刀时的进给率大小 其余参数意义同 LCYC82
LCYC840	带补偿夹具内螺纹切削	R101 R102 R103 R104 R106 R126 LCYC840 R106:螺纹导程值(0.001～20000.000mm) R126:攻丝时主轴旋转方向(3 用于 M3;4 用于 M4) 其余参数意义同 LCYC82
LCYC93	切槽循环 5	R100 R101 R105 R106 R107 R108 R114 R115 R116 R117 R118 R119 LCYC93 R100:横向坐标轴起始点 R101:纵向坐标轴起始点

（续表）

指令	意　义	格　式
LCYC93	切槽循环5	R105:加工类型(1～8) R106:精加工余量,无符号 R107:刀具宽度,无符号 R108:切入深度,无符号 R114:槽宽,无符号 R115:槽深,无符号 R116:角,无符号(0～89.999度) R117:槽沿倒角 R118:槽底倒角 R119:槽底停留时间
LCYC94	凹凸切削循环	R100 R101 R105 R107 LCYC94 R105:形状定义(值55为形状E;值56为形状F) R107:刀具的刀尖位置定义(值1～4对应于位置1～4) 其余参数意义同LCYC93
LCYC95	毛坯切削循环	R105 R106 R108 R109 R110 R111 R112 LCYC95 R105:加工类型(1～12) R106:精加工余量,无符号 R108:切入深度,无符号 R109:粗加工切入角 R110:粗加工时的退刀量 R111:粗切进给率 R112:精切进给率
LCYC97	螺纹切削	R100 R101 R102 R103 R104 R105 R106 R109 R110 R111 R112 R113 R114 LCYC97 R100:螺纹起始点直径 R101:纵向轴螺纹起始点 R102:螺纹终点直径 R103:纵向轴螺纹终点 R104:螺纹导程值,无符号 R105:加工类型(1,2)　　注:1:外螺纹,2:内螺纹 R106:精加工余量,无符号 R109:空刀导入量,无符号 R110:空刀退出量,无符号 R111:螺纹深度,无符号 R112:起始点偏移,无符号 R113:粗切削次数,无符号 R114:螺纹头数,无符号

附录 4 数控机床的常用术语

名 称	英语名称	注 解
机电一体化	Mechatronics	机械电子学。在机械的主功能、动力功能、信息处理功能和控制功能上引用电子技术，并将机械装置和电子设备、软件技术有机地结合起来，构成一个完整的系统
代码	Code	数据处理机能接受的用符号形式表示的数据和程序
命令脉冲	Command pulse	数控装置给数控机床传递运动命令的脉冲群，每个脉冲与机床的单位位移量相对应
指令	Instruction	规定操作及其运算数的数值或地址的语句
命令	Command	使运动或功能开始操作的控制信号
手动数据输入	Manual data input	用手工把加工程序的信息送入数控装置的一种方法
格式	Format	信息的规定安排形式
地址	Address	(用于数控时)位于字头的字符或字符组，用以识别其后的数据
程序段	Block	作为一个单元处理的一组字、一组字符或一组数字，在控制带上各个程序段通常用"程序段结束"字符来分隔
轴	Axis	机床部件直线运动或旋转运动的方向
插补	Interpolation	(用于数控时)根据给定的数学函数，诸如线性函数、圆函数或高次函数，在理想的轨迹或轮廓上的已知点之间，确定一些中间点的一种方法
直线插补	Line interpolation	这是一种插补方式。在此方式中，给出两端点间的插补数字信息，借此信息控制刀具运动。使其按照规定的直线加工出理想的曲面
圆弧插补	Circular interpolation	这是一种插补方式。在此方式中，给出两端点间的插补数字信息，借此信息控制刀具运动。使其按照规定的圆弧加工出理想的曲面
抛物线插补	Parabolic interpolation	这是一种插补方式。在此方式中，给出两端点间的插补数字信息，借此信息控制刀具运动。使其按照规定的抛物线加工出理想的曲面

(续表)

名　称	英语名称	注　解
绝对方式	Absolute dimension system	在某一坐标系中,用原点为基准表示位置坐标值的一种方法
增量方式	Incremental dimension system	在某一坐标系中,用由前一个位置算起的坐标值增量来表示位置的一种方式
固定循环	Fixed cycle,cannecl cycle	这是预先给定的一系列操作,用来控制机床轴的位移或使主轴运转,从而完成各项加工,诸如镗、钻、攻螺纹等
进给率	Feed rate	刀具向工件进给的相对速度称为进给率。单位为 mm/min 或 mm/r。在控制带上,把指定数字紧接在字符 F(进给功能)后面
准备功能	Preparatory function	(G 功能)建立机床或控制系统工作方式的一种命令。用地址 G 和它后面的数字来指定控制动作方式的功能
主轴速度功能	Spindle speed function	(S 功能)主轴速度的技术说明。指定主轴转速的功能。用地址 S 和它后面的代码数来表示
刀具功能	Tool function	(T 功能)按照适当的格式规范,识别或调入刀具和有关功能的技术说明。指定刀具的功能,用地址 T 和它后面的代码数来表示
辅助功能	Miscellaneous function	(M 功能)控制机床或控制系统的开、关功能的一种命令。它是用地址 M 和它后面的代码数来指定的
进给功能	Feed function	(F 功能)定义进给率技术规范的指令。用地址 F 和它后面的代码数来表示
数控系统	Numerical control system	这是一种控制系统。它自动阅读输入载体上事先给定的代码和数字值,并将其译码,从而使机床移动并加工零件
计算机数控	Computerized numerical control	即 CNC,这是一种数控系统。在此系统中,采用存储程序的专用计算机实现部分或全部基本数控功能
直接控制	Direcet numerical control	即 DNC,这是一种控制系统。此系统使一群数控机床与公用零件程序或加工程序存储器发生联系。一旦提出请求,它立即把数据分配给有关机床。直接数控亦称群控

（续表）

名　称	英语名称	注　解
开环系统	Open loop system	不把控制对象的输入（数控装置输出的指令信号）进行比较的控制系统，即在此系统中没有来自位置传感器的反馈信号
闭环系统	Closed loop system	这种自控系统包含功率放大和反馈，从而使得输出变量的值紧密地响应输入量的值
伺服机构	Servo mechanism	用机床上的位置或速度等作为控制量的反馈系统（伺服回路）。这种伺服系统的受控变量为机械位置或机械位置对时间的导数
加工程序	Machine program	在数控中指用自动控制语言和格式表示的一套指令，它被记载在适当的输入载体上，以便圆满地实现自控系统的直接操作
零件程序编制	Part programming	为了进行给定零件的加工，要计划数控机床的作业内容，并要编制用于实现作业计划的程序，该程序称为零件程序
手工零件程序编制	Manual part programming	利用规定的代码和格式，人工制定零件加工程序的工作
自动编程	Automatic programming	编制程序的一种方法。用计算机把人们易懂的程序改成计算机能执行的程序。在数控上，这种方法就是把人们易懂的零件程序，用计算机改成数控机床能执行的程序
机床零位，系统原点	Machine zero，system basic origin	机床坐标系的原点
机床参考点	Machine tool reference position	给机床各个轴预设的位置，便于采用增量控制系统时用来设定初始位置
复位	To reset	使装置复原到预定的初始位置上，但不一定是初始状态
零点偏移	Zero offser，reference offset	这是数控系统的一种特性。容许把数控测量系统的原点在相对机床基准点的规定范围内移动，而永久原点的位置被存储在数控系统中
反向间隙	Backlash	相互作用的零件之间由于松动和偏差所产生的偏移
自动换刀装置	Automatic tool changer ATC	具有存储刀具的刀库，能选出被指定的刀具并自动地与装在主轴上的刀具进行交换的装置
刀具补偿	Cutter compensation	垂直于刀具轨迹的位移，用来修正刀具实际半径或直径与其程序规定的值之差

（续表）

名　称	英语名称	注　解
分辨率	Resolution	两个相邻的分散细节之间可以分辨的最小间隔。就测量系统而言，它是可以测量的最小增量。就控制系统而言，它是可以控制的最小位移增量
精确度	Accuracy	误差自由度的评价或符合理论程度的评价，误差越小，评价越高。在机床上，是用实际位置与要求位置之间的一致程度来表示
误差	Error	计算值、观察值或实测值与真值、给定值或理论值之差
位置检测器	Position transuducer	将位置或移动量变换成便于传送的信号的传感器

参考文献

1. SIEMENS802s/c 机床使用说明书。
2. FANUC0i 机床使用说明书。
3. 韩鸿鸾主编．数控机床加工程序的编制．北京:机械工业出版社,2002
4. 李宏盛主编．数控原理与系统．北京:机械工业出版社,1997
5. 王爱玲．张杰堂主编．现代数控原理与控制系统．北京:国防工业出版社,2002
6. 王维主编．数控加工工艺及编程．北京:机械工业出版社,2001
7. 刘书华主编．数控机床与编程．北京:机械工业出版社,2001
8. 全国数控培训网络天津分中心编．数控编程．北京:机械工业出版社,2002
9. 罗友兰,周虹主编．FANUC0i 系统数控编程与操作．北京:化学工业出版社,2004